U0380113

省级规划教材"城乡生态与环境规划"（2020yljc028）；

2020年教育部新工科研究与实践"面向地域文化传承创新的传统建筑类工科专业改造升级探索与实践"（E-TMJZSLHY20202129）

城乡生态与环境规划

顾康康　董　冬　汪惠玲　编著

东南大学出版社
SOUTHEAST UNIVERSITY PRESS

南京

图书在版编目（CIP）数据

城乡生态与环境规划 / 顾康康，董冬，汪惠玲编著
. — 南京 : 东南大学出版社，2022.11（2025.1重印）
ISBN 978 - 7 - 5641 - 9944 - 9

Ⅰ．①城… Ⅱ．①顾… ②董… ③汪… Ⅲ．①生态环
境－城乡规划－环境规划－研究 Ⅳ．①X321

中国版本图书馆 CIP 数据核字（2021）第 259251 号

书　　名：城乡生态与环境规划
Chengxiang Shengtai Yu Huanjing Guihua

编　　著：顾康康　董　冬　汪惠玲
责任编辑：贺玮玮
责任校对：韩小亮
装帧设计：王　玥
责任印制：周荣虎
出版发行：东南大学出版社
社　　址：南京市四牌楼 2 号　电话：025—83793330
网　　址：http：//www. seupress. com
经　　销：全国各地新华书店
印　　刷：南京新世纪联盟印务有限公司
开　　本：787 mm×1092 mm　1/16
印　　张：12.25
字　　数：249 千
版　　次：2022 年 11 月第 1 版
印　　次：2025 年 1 月第 3 次印刷
书　　号：ISBN 978 - 7 - 5641 - 9944 - 9
定　　价：65.00 元

前言

随着城镇化和工业化的快速发展，城乡生态环境问题日益凸显出来，如空气污染、土地资源紧缺、水资源短缺、生物多样性减少、环境污染、疾病防控等问题。随着党的二十大召开和在"双碳"战略的引领下，生态环境在城乡经济发展中的地位越来越重要，以改善生态环境质量为核心，推动发展绿色治理体系和治理能力现代化建设，加快形成完善的城乡生态与环境保护规划至关重要。

城乡生态环境研究的兴起和发展，是现代城乡发展和人类进步的标志，是人类利用、改造自然的必然结果。城乡生态环境规划就是在合理开发利用自然的基础上研究城乡环境空间，控制环境污染、促进经济和生态的协调发展，造福人民和子孙后代的过程。进入 21 世纪以后，安徽省先后开展了关于打好污染防治攻坚战和推动长江生态环境保护修复工作，深入实施大气、土壤、水等污染防治行动，贯彻实践"绿水青山就是金山银山"的理念，推动"五控""五治"，进行了多个地方的关于城乡生态保护的试点工作。

本书对城乡生态环境的基本概念、相互关系进行了深入研究，通过对安徽省各市实地走访、深度访谈和问卷调查等方式获取相关数据，系统地梳理了安徽省的绿色基础设施、通风廊道、湿地公园、蓝绿空间等方面特征，总结了生态环境保护措施，对丰富我国城乡生态环境规划研究知识和案例、指导城乡生态环境高质量发展具有重要意义。

本书共分 10 章，包括理论篇（生态学的定义、研究对象、分类、基础原理、发展趋势，城乡生态环境的概念、特征、治理方法等）、方法篇（对气候、土壤、水文、生物、信息的城乡生态环境要素类型的分析、调研、质量评估，对城乡生态网络、环境效应、人居环境的评价）、案例篇（对安庆市、亳州市、滁州市、淮北市、合肥市有关生态环境的研究分析和对乔木寨村村庄规划的研究）。本书适合高等学校城乡规划专业、风景园林专业、环境工程专业、环境科学专业及其他学习城乡生态与环境相关知识的专业人士作为教材使用。

本书由顾康康、董冬、汪惠玲拟定总体框架、撰写、统稿及审核。各章主要撰写人如下：第1章、第2章由董冬撰写，第3章、第4章、第5章、第6章、第7章由顾康康撰写，第8章、第9章、第10章由汪惠玲撰写。研究生程帆、钱兆、胡鑫康、赵晓红、邰宇参与了书稿调研、资料整理和部分章节内容的撰写。

本书涉及范围广泛、内容庞大、体系复杂，书稿虽经过多次修改调整，但鲁鱼亥豕在所难免，希望广大读者批评指正！

目录

理 论 篇

方 法 篇

案　例　篇

理论篇

第1章

生态学概论

1.1 生态学的定义

1.1.1 生态学概念的起源

当今人们在人与自然关系上及经济社会发展过程中使用频率较多的一些概念有生态平衡、生态危机、生态意识等，都是与具有广泛包容性的生态学密切相关的。生态学是生物学的一个重要分支，也是环境科学的重要组成部分。生态学是研究生物与其生存环境之间相互关系和相互作用规律的科学，是现代科学领域中的一门十分重要的基础学科。目前，该学科是新兴的环境学的理论基础，并被公认为是一门关于人类生存与发展的综合性科学。

"生态学"（ecology）一词源自希腊文"oikos"，是"住所，栖息地"的意思。可见，生态学是源于研究居住环境的科学。同时，"生态学"和"经济学"（economics）又是同源词，所以也有人把生态学称作自然经济学，其意是指对自然环境研究具有重要经济价值。

1.1.2 生态学科学概念的提出

1866年，德国动物学家恩斯特·海克尔（Ernst Haeckel）在他的著作《普通生物形态学》（*The General Morphology of Organisms*）中首次使用了"Ökologie"一词，并用于研究物种分布与分类，进而他又于1896年对"Ökologie"做了详细定义。但直到20余年后的1893年，在美国的麦迪逊植物学大会上，"Ökologie"的英文翻译才被正式确定为"Ecology"，被定义为研究生物与其环境关系的学科，由此正式拉开了生态学发展的序幕。但是生态学被公认为一门独立的科学则是以丹麦植物学家尤金钮斯·瓦尔明（Eugenius Warming）1895年出版的《以植物生态地理为基础的植物分布学》为标志，该书的1909年英译本被直接翻译为*Ecology of Plants*，由此奠定了作为现代科学体系中的生态学学科基础。

1927 年，英国动物生态学家查尔斯·埃尔顿（Charles Elton）将生态学的概念进一步发展为生态位（niches）与数量金字塔。1956 年，美国生态学家、现代生态学创始人尤金·普莱曾特·奥德姆（Eugene Pleasant Odum）认为"生态学是研究生态系统结构与功能的科学"。

1958 年，奥德姆提出，生态学是研究生态系统结构与功能的科学。奥德姆对生态系统结构功能的研究成就及杰出理论贡献奠定了系统生态学派的地位，该学派的生态学研究多以不同类型的生态系统、景观区域等较大等级的生态学系统为对象，往往采用复杂的数学模型描述生态系统生物、物理和化学过程，更加强调对生态系统与环境互作关系的理解，对推动生态系统生态学的发展作出了重要贡献。

1980 年，我国生态学会的创始人马世骏认为，生态学是研究生命系统与环境系统之间相互作用规律及其机理的科学。

1997 年，奥德姆又进一步提出生态学是"综合研究有机体、物理环境与人类社会的科学"。

由此可见，人们对生态学的定义随着生态学研究的进展而不断完善。目前看来，生态学是在不同的层次上研究生物与环境这一庞大系统的变化规律和调控措施，为人类可持续健康发展提供重要科学理论依据和有效措施的综合性学科体系。

1.1.3 生态学概念的科学内涵

经典生态学或者基础生态学研究中的生态关系和生态学机制可以被外延为自然生态规律，生物和人类的生活、生存和繁衍及其适应自然环境的准则、理念、智慧、策略、技术。这些准则、理念、智慧、策略、技术被应用于产业、社会、经济发展的生态学研究，进而就泛化衍生出了各种社会、经济生态学分支学科。

人们普遍而简单地定义普通生态学为"研究生物与环境关系的科学"。然而，关于如何理解"生物与环境关系"，不同研究领域的学者们却给出了多种不同的定义，由此形成了不同学科视角下的生态学科学内涵、研究对象及概念体系。微生物、植物、卵生动物及胎生动物的生命活动及生育繁殖对环境条件的要求及资源需求各有不同。随着生物进化水平的升高其生活史越来越复杂，其对环境和资源要素的需求量也随之增加。

由此可以理解，生态学基本内涵就是研究各类生物及其生命活动与环境条件及自然资源关系的科学，是生物学的重要分支。这里的生物是指动物、植物、微生物等物种的个体、集群或种群；而生物环境是指生物个体、生物种群以及生物群落生命活动必需的栖息地、光照（强度、长度、周期）、温度、水分（湿度）、氧气（氧化还原电位）、盐度、酸碱度（pH）等环境条件，以及生长需要的栖息空间中的能量（辐射）、淡水、营养（食物）、生命元素等资源供给数量和质量，它们统称为自然资源与环境。然而，当代的生态学是从生物学分支发展起来的一门学科，经过与资源环境科学、地理科学和社会经济科学的不断融合，其科学内涵与研究领域也在不断扩展。

当代的生态学已经发展成为具有独特理论、研究对象及方法论的综合性学科体系，其生物概念已经从抽象的生物有机体（生命体），扩展到了宏观生命系统、生物有机体系统、各类生态系统、区域及地球生物圈等多层级的生态学系统。相应地，生态系统的普适性概念也可以扩展性概括为：由生物或生物种群或生物群落与其栖居的资源环境所构成，并通过各个组成部分相互依赖、相互作用形成的生态学系统（图1-1）。进而，基于生态学传统定义及学科范畴，可将当代生态学的科学内涵扩展为"研究生态学系统的结构和功能及其与资源环境关系的科学"。

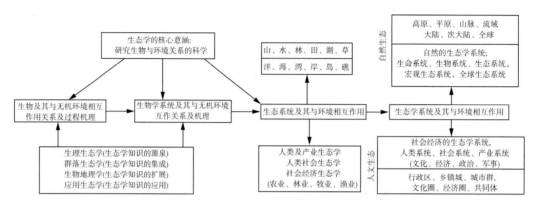

图1-1　生态学科学内涵的变革及其扩展

资料来源：于贵瑞，王秋凤，杨萌，等. 生态学的科学概念及其演变与当代生态学学科体系之商榷［J］. 应用生态学报，2021，32（1）：1-15.

1.2　生态学的研究对象

生物是呈等级组织存在的，由生物大分子—基因—细胞—个体—种群—群落—生态系统，直到生物圈。过去的生态学主要研究个体以上和区域以下的层次，而现代生态学的研究范围已经向下延伸到分子水平，向上扩大到宇宙空间。生态学涉及的环境十分复杂：从无机环境（岩石圈、水圈和大气圈）、生物环境（动物、植物、微生物）到人类社会，以及由人类活动所导致的环境问题。

生态学是一门综合性很强的学科，它涉及人类自诞生以来产生的一切智慧和文明。生态学与其他任何学科的交叉融合，都可形成一门新的学科。从自然到社会、从理论到实践、从工程到技术、从宏观到微观、从物质到精神，生态学的研究领域十分广阔。

生态学研究对象的广泛性决定了生态学应用范围的广泛性。生态学的一些原理和方法已经成为很多领域的旗帜，尤其是与生态环境关系紧密的领域，如农业发展、城乡建设、生物多样性保护、河流整治、国土空间规划、生态环境保护、流域治理等。

根据生态学研究对象的组织水平、类群、生境、研究性质、应用领域、服务对象以及学科交叉特点等可将其划分为不同类别：

① 从研究对象的组织水平划分，生态学分为分子生态学、进化生态学、个体生态

学、种群生态学、群落生态学、生态系统生态学、景观生态学与全球生态学。

② 从研究对象的分类学类群划分，生态学分为植物生态学、动物生态学、微生物生态学、陆生植物生态学、哺乳动物生态学、昆虫生态学、地衣生态学，以及各个主要物种的生态学等。

③ 根据研究对象的生境类别划分，生态学分为陆地生态学、海洋生态学、淡水生态学等。

④ 根据研究性质划分，生态学分为理论生态学与应用生态学。

⑤ 根据应用领域及服务对象划分，生态学分为农业生态学、城市生态学、资源生态学、环境生态学、恢复生态学、旅游生态学等。

⑥ 根据学科交叉特点划分，生态学分为数学生态学、物理生态学、化学生态学、信息生态学、系统生态学、行为生态学、进化生态学等。

1.3　生态学的分类

生态学按照其研究对象的不同等级单元，按照生物栖息的不同场所等可以分成若干类型。按照所研究的生物类别可分为微生物生态学、植物生态学、动物生态学、人类生态学；按生物栖居的环境类别分为陆地生态学和水域生态学，前者又可分为森林生态学、草原生态学、荒漠生态学等，后者可分为海洋生态学、湖沼生态学、河流生态学等。一般而言，基础生态学以个体、种群、群落、生态系统等不同的等级单元为研究对象。其中，种群、群落和生态系统均以生物的群体为研究对象。

1) 个体生态学

个体生态学是研究单一物种的生态学，即只研究该物种及其环境，其物种影响环境和物种受环境的影响的情形。

2) 种群生态学

种群是指一定时间、一定区域内同种个体的组合，研究者对种群生态学的研究主要研究一种或亲缘关系较近的几种生物种群与环境之间的关系。

3) 群落生态学

群落是指多种植物、动物、微生物种群聚集在一个特定的区域内，相互联系、相互依存而组成的一个统一的整体。研究者对群落生态学研究的主要内容是群落与环境间的相互关系，揭示群落中各个种群的关系、群落的自我调节和演替等。

4) 生态系统生态学

生态系统生态学以生态系统为研究对象。生态系统是指生物群落与生活环境间由于相互作用而形成的一种稳定的自然系统。生物群落从环境中取得能量和营养，形成自身的物质，这些物质由一个有机体按照食物链转移到另一个有机体，最后又返回到环境中去，通过微生物的分解，又转化成可以重新被植物利用的营养物质，这种能量流动和物质循环的各个环节都是生态系统生态学的研究内容。

按照研究的性质不同，生态学通常划分成理论生态学和应用生态学两大类。理论生态学的分类主要包括：

1）依据生物类别分类

目前有动物生态学（Animal Ecology）、植物生态学（Plant Ecology）、微生物生态学（Microbial Ecology）等。动物生态学又分出哺乳动物生态学（Mammalian Ecology）、鸟类生态学（Avian Ecology）、鱼类生态学（Fish Ecology）、昆虫生态学（Insect Ecology）等。

2）依据生物栖息地分类

按照生物栖息地分类，生态学有陆地生态学（Terrestrial Ecology）、海洋生态学（Marine Ecology）、河口生态学（Estuarine Ecology）、森林生态学（Forest Ecology）、淡水生态学（Freshwater Ecology）、草原生态学（Grassland Ecology）、沙漠生态学（Desert Ecology）和太空生态学（Space Ecology）等。

3）理论生态学的一些分支学科

理论生态学有行为生态学（Behavioural Ecology）、化学生态学（Chemical Ecology）、数学生态学（Mathematical Ecology）、景观生态学（Landscape Ecology）、物理生态学（Physical Ecology）、进化生态学（Evolutionary Ecology）、哲学生态学（Philosophy Ecology）和生态伦理学（Ecological Ethics）等。

应用生态学的分类可以分为污染生态学（Pollution Ecology）、放射生态学（Radiation Ecology）、热生态学（Thermal Ecology）、古生态学（Paleoecology）、野生动物管理学（Wildlife Management）、自然资源生态学（Ecology of Natural Resources）、人类生态学（Human Ecology）、经济生态学（Economic Ecology）、城市生态学（City Ecology）、农业生态学（Agroecology）等。

1.4　生态学的基础原理

1.4.1　生态学的重要观点

著名的现代生态学家奥德姆1992年在 *Bioscience* 上发表了《九十年代生态学的重要观点》一文，提出了生态学的若干重要观点，对认识生态学的基本原理有重要的启示作用[1]。

① 生态系统是一个远离平衡态的热力学开放系统。输入和输出的环境是这一概念的基本要素。例如，一片森林，进入和离开这片森林的成分与森林内部的成分同等重要。一个城市也是如此。城市不是一个生态学或经济学上自我维持的单位，而是依靠外界环境维持其生存和发展，这如同城市内部的各种活动一样。

② 生态系统的各组织水平中，物种间的相互作用趋于不稳定，非平衡甚至混沌（无序）。短期相互作用，例如种间竞争——寄生物与寄主之间的竞争、草食动物与植物间的相互作用等都趋于被动和循环。而复杂的大系统（如海洋、大气、土壤、大面积森林等）趋向于从随机到有序，具有稳定生态特性，如大气的气体平衡。因此，大生态系统组分更加稳定，这是一个最重要的原理之一。

③ 存在着两种自然选择或两方面的生存竞争：有机体对有机体——导致竞争；有机体对环境——导致互惠共存。为了生存，一个有机体可能与另一有机体竞争而不和它的环境竞争，它必须以一种合作的方式适应或改造它的环境和群落。

④ 竞争导致多样性而不是灭绝。物种常常通过改变自己的功能生态位以避免由于竞争产生的有害影响。

⑤ 当资源缺乏时，互惠共存进化增强。当资源被束缚在有机生物量中（如成熟的森林）或当土壤和水分等营养贫乏时，物种之间为了共同利益的协同作用就具有了特殊的存在价值。

⑥ 一个扩展的生物多样性研究方法应包括基因和景观多样性，而不仅仅是物种多样性。保护生物多样性的焦点必须是在景观水平上，因为任何地区的物种变异都依赖于斑块和通道的大小、种类和动态。

⑦ 容纳量是一个涉及利用者数量和每个利用者利用强度的二维概念。这两个特征互相制约，随着每个利用者（个体）影响强度的增加，某一资源可支持的个体数量减少。这个原理是十分重要的。根据它我们可以估测在不同生活质量水平下人类负载能力和决定在土地利用规划中留给自然环境多大缓冲余地。

⑧ 污染物输入源的管理是处理污染危害的重要途径。减少污染源、减少废物，不仅减少了污染，而且还节约了资源。

⑨ 总体而言，从地球上有生命开始，有机体是以一种有益于生命的方式（如增加氧气、减少二氧化碳）适应物理环境，同时也改变了它们周围的环境。

⑩ 产生或维持能量流动和物质循环，总是需要消耗能量的。根据这个能量概念，不管是自然的还是人工的群落和生态系统，当它们变得更大、更复杂时，就需要更多的有效能量来维持。比如，一个城市规模增加一倍时，则需要多于一倍的能量来维持其有序。

1.4.2　生态学的一般规律

生态规律是关于生命物质与环境相互作用的规律，是生命物质与环境构成生态系统发育、演替的规律，也是支配物质运动的生态形式与生态过程的规律，是生态运动过程所内含的必然性或本质联系[2]。

1. 相互依存与相互制约规律

相互依存与相互制约，反映了生物间的协调关系，是构成生物群落的基础。生物间的这种协调关系，主要分两类：

一种是普遍的依存与制约，又称"物物相关"规律。有相同生理、生态特性的生物，占据与之相适宜的小生境，构成生物群落或生态系统。系统中不仅同种生物相互依存、相互制约，异种生物（系统内各部分）间也存在相互依存与制约的关系，不同群落或系统之间，也同样存在依存与制约关系，也可以说彼此影响。这种影响有些是直接的，有些是间接的，有些是立即表现出来的，有些需滞后一段时间才显现出来。一言以蔽之，生物之间的相互依存与制约关系，无论在动物、植物和微生物中，或在它们之间，都是普遍存在的。

另一种是通过"食物"而相互联系与制约的协调关系，又称"相生相克"规律。这一规律的具体形式是食物链与食物网，即每一种生物在食物链或食物网中，都占据一定的位置，并具有特定的作用。各生物之间相互依赖，彼此制约、协同进化。被食者为捕食者提供生存条件，同时又为捕食者控制；反过来，捕食者又受制于被食者，彼此相生相克，使整个体系（或群落）成为协调的整体。或者说，体系中各种生物个体都建立在一定数量的基础上，即它们的大小和数量都存在一定的比例关系。生物体之间的这种相生相克作用，使生物数量保持相对稳定，这是生态平衡的一个重要方面。当向一个生物群落（或生态系统）引进其他群落的生物种时，往往会由于该群落缺乏能控制它的物种（天敌）存在，而使该物种种群数量爆发，从而造成生物灾害。

2. 微观与宏观协调发展规律

有机体不能与其所处的环境分离，而是与其所处的环境形成一个整体。来自环境的能量和物质是生命之源，一切生物一旦脱离了环境或环境一旦受到了破坏，生命将不复存在。生物与环境之间通过食物链（网）的能量流、物质流和信息流而保持联系，构成一个统一的系统。一旦食物链（网）发生故障，能量、物质、信息的流动出现异常，生物的存在也将受到严重威胁。地球上一切生物的生存和发展，不仅取决于微观的个体生理机能的健全，而且取决于宏观的生态系统的正常运行，个体与整体（环境）、微观与宏观只有紧密结合，形成统一体，才能取得真正意义上的协调发展。

3. 物质循环转化与再生规律

生态系统中，植物、动物、微生物和非生物成分，借助能量不停流动，一方面不断地从自然界摄取物质并合成新的物质，另一方面又随时被分解为原来的简单物质，即所谓"再生"，重新被植物所吸收，进行着不停顿的物质循环。因此，要严格防止有毒物质进入生态系统，以免有毒物质经过多次循环后富集，从而危及人类安全。至于流经自然生态系统中的能量，通常只能通过系统一次。它沿食物链转移，每经过一个营养级，就有大部分能量转化为热量而散失掉，无法被回收利用；因此，为了充分利用能量，必须设计出能量利用率高的系统。如在农业生产中，应防止食物链过早被截断、过早转入细菌分解：不让农业废弃物（如树叶、杂草、秸秆、农产品加工下脚料及牲畜粪便等）直接作为肥料被细菌分解，不使能量以热的形式散失掉，应该对其适当处理，例如先将其作为饲料，更有效地利用能量。

4. 物质输入与输出的动态平衡规律

物质输入与输出的动态平衡规律又称"协调稳定规律"，它涉及生物、环境和生态系统三个方面。当一个自然生态系统不受人类活动干扰时，生物与环境之间的输入与输出，是相互对立的关系。生物体进行输入时，环境必然进行输出，反之亦然。生物体一方面从周围环境摄取物质，另一方面又向环境排放物质，以补偿环境的损失（这里的物质输入与输出，包含量和质两个指标）。也就是说，对于一个稳定的生态系统，无论对生物、对环境，还是对整个生态系统，物质的输入与输出都是平衡的。

当生物体的输入不足时，例如农田肥料不足，或虽然肥料（营养分）足够，但未能分解而不可利用，或施肥的时间不当而不能很好地利用，必然造成生长不好、产量下降。同样，在质的方面，当输入大于输出时，例如人工合成的难降解的农药和塑料或重金属元素，生物体吸收的量虽然很少，也会产生中毒的现象。即使数量极微，暂时看不出影响，但它也会积累并逐渐造成危害。另外，对环境系统而言，如果营养物质输入过多，环境自身吸收不了，打破了原来的输入、输出平衡，就会出现富营养化现象，如果这种情况继续下去，也势必破坏原来的生态系统。

5. 生物和环境相互适应与补偿的协同进化规律

生物与环境之间，存在着作用与反作用的过程。植物从环境吸收水和营养元素，这与环境的特点，如土壤的性质、可溶性营养元素的量以及环境可提供的水量等紧密相关。同时，生物体则以其排泄物和尸体等形式将相当数量的水和营养素归还给环境，最后获得协同进化的结果。例如，最初生长在岩石表面的地衣，由于没有多少土壤着"根"，所得的水和营养元素就十分少。但是，地衣生长过程中的分泌物和尸体的分解，不但把等量的水和营养元素归还给环境，而且还生成不同性质的物质，能促进岩石风化而变成土壤。这样环境保存水分的能力增强了，可提供的营养元素也增多了，从而为高一级的苔藓创造了生长的条件。如此下去，以后便逐步出现了草本植物、灌木和乔木。生物与环境就是如此反复地相互适应和补偿。生物从无到有，从植物到动物、植物并存，从低级向高级发展；而环境则从光秃秃的岩石，向具有相当厚度、适于高等植物和各种动物生存的环境演变。可是如果某种原因，损害了生物与环境相互补偿与适应的关系，例如某种生物过度繁殖，则环境就会因物资供应不及而造成生物的饥饿死亡。

6. 环境资源的有效极限规律

任何生态系统作为生物赖以生存的各种环境资源，在质量、数量、空间、时间等方面都具有一定限度，不能无限制地供给。当今全球存在的生态环境危机，实际上从某种程度上而言是超负荷、超速度地开采环境所造成的。对每一生态系统而言，利用、开采其环境资源即是对其的一种外来干扰，每一个生态系统对任何的外来干扰都有一定的忍耐极限。当外来干扰超过此极限时，生态系统就会被损伤、破坏，以至瓦解。所以，放牧强度不应超过草场的允许承载量;采伐森林、捕鱼狩猎和采集药材时不应超过能使各种资源永续利用的产量;保护某一物种时,必须留有足够使它生存、繁殖的空间;排污时,必须使排污量不超过环境的自净能力等。

1.4.3 生态学的基本原理

1. 循环再生原理

物质循环、再生利用是一个基本生态学原理。

该原理认为,自然生态系统的结构和功能是对称的,它具有完整的生产者、消费者、分解者结构,可以自我完成"生产—消费—分解—再生产"为特征的物质循环功能,能量和信息流动畅通,系统对其自身状态能够进行有效调控,生物圈处于良性的发展状态。

2. 共生共存、协调发展的原理

共生关系是指生态系统中的各种生物之间通过全球生物、地球、化学循环有机地联系起来,在一个需要共同维持、稳定、有利的环境中共同生活。自然生态系统是一个稳定、高效的共生系统,通过复杂的食物链和食物网,系统中一切可以利用的物质和能源都能够得到充分地利用。从本质上讲,自然环境、资源、人口、经济与社会等要素之间存在着普通的共生关系,形成一个"社会—经济—自然"的人与自然相互依存、共生的复合生态系统。

3. 生态平衡与生态阈限原理

生态平衡是指生态系统的动态平衡。在这种状态下,生态系统的结构与功能相互依存、相互作用,从而使之在一定时间、一定空间范围内,各组成要素分别通过制约、转化、补偿、反馈等作用处于最优化的协调状态,表现为能量和物质输入和输出动态平衡,信息传递畅通和控制自如。在外来干扰条件下,平衡的生态系统通过自我调节可以恢复到原来的稳定状态。生态系统虽然具有自我调节能力,但只能在一定范围内、一定条件下起作用。如果干扰过大,超出了生态系统本身的调节能力,生态平衡就会被破坏,这个临界限度称为生态阈限。

4. 生态位原理

生态位就是生物在漫长的进化过程中形成的,在一定时间和空间拥有稳定的生存资源(食物、栖息地、温度、湿度、光照、气压、盐度等等),进而获得最大或比较大生存优势的特定的生态定位,即受多种生态因子限制,而形成超体积、多维生态时空复合体。

生态位的形成减轻了不同物种之间的恶性竞争,有效地利用了自然资源,使不同物种都能够具有生存优势。生态位不仅仅适用于自然子系统中的生物,同样适用于社会、经济子系统中的功能和结构单元。人类社会活动的诸多领域均存在"生态位"定位问题,只有正确定位,才能形成自身特色,发挥优势,减少内耗和浪费,提高社会发展的整体效率和效益。

5. 生态系统服务的间接使用价值大于直接使用价值的原理

生态系统服务是指对人类生存与生活质量有贡献的生态系统产品和服务。产品是指在市场上用货币表现的商品；服务不能在市场上买卖，但具有重要价值的生态系统的功能，如净化环境、保持水土、减轻灾害等。生态系统的服务价值远远超出了人们的直观理解。弗·卡特在《表土与人类文明》中提出：表土状况是生态系统服务功能状态的一种可观测的表象，它是人类活动等因素共同作用的结果。古巴比伦、古埃及、古印度和古希腊文明的兴盛无不与其所依托的优越的自然条件和生态系统服务为基础；而这些兴盛一时的灿烂古文明的衰落，又无不与人类不合理地利用和破坏生态系统（不合理的农田灌溉、无节制地砍伐森林、破坏牧场等）而导致表土的流失、生态系统服务功能的丧失有关。生态系统的服务功能事关人类及其文明的兴衰和发展。可见，生态系统服务的间接使用价值远远超过了其直接的使用价值。

1.5　现代生态学的发展与趋势

1.5.1　现代生态学的发展

20 世纪 50 年代以来，人类的经济和科学技术获得了史无前例的飞速发展，既给人类带来了进步和幸福，也带来了环境、人口、资源和全球变化等关系到人类自身生存的重大问题。在解决这些重大社会问题的过程中，生态学与其他学科相互渗透、相互促进，获得了重大的发展。

1. 整体观的发展

动植物生态学由分别单独发展走向统一，生态系统研究成为主流。

生态学不仅与生理学、遗传学、行为学、进化论等生物学各个分支领域相结合形成了一系列新的领域，并且与数学、地学、化学、物理学等自然科学相交叉，产生了许多边缘学科；甚至超越自然科学界限，与经济学、社会学、城市科学相结合，生态学成了自然科学和社会科学相连接的真正桥梁之一。

生态系统理论与农、林、牧、渔各业生产和环境保护和污染处理相结合，并发展为生态工程和生态系统工程。

生态学与系统分析或系统工程的相结合形成了系统生态学。

2. 生态学研究对象的多层次性更加明显

现代生态学研究对象向宏观和微观两极多层次发展，小至分子状态、细胞生态，大至景观生态、区域生态、生物圈或全球生态。虽然宏观仍是主流，但微观的成就同样重大而不可忽视。而在生态学建立时，其研究对象主要是有机体、种群、群落和生态系统几个宏观层次。

3. 生态学研究的国际性是其发展的趋势

生态学问题往往超越国界。第二次世界大战以后，有上百个国家参加的国际规划一个接一个。最重要的是20世纪60年代的国际生物学计划（IBP）、70年代的人与生物圈计划（MAB）以及现在正在执行中的国际地圈-生物圈计划（IGBP）和生物多样性计划。为保证世界环境的质量和人类社会的持续发展，如保护臭氧层、预防全球气候变化的影响，国际上陆续地签订了一系列协定。1992年各国首脑在巴西里约热内卢签署的《生物多样性公约》是近年来对全球有较大影响力和约束力的一个国际公约，有许多方面涉及了各国的生态学问题。

国际生物学计划由联合国教科文组织提出，1964年开始执行，包括陆地生产力、淡水生产力、海洋生产力和资源利用管理7个领域，其中心是全球主要生态系统的结构、功能和生物生产力研究。共有97个国家参加，我国没有参加。

人与生物圈计划由联合国教科文组织1970年提出，是一个国际性、政府间的多学科的综合研究计划，是IBP的继续。它的主要任务是研究在人类活动的影响下，地球上不同区域各类生态系统的结构、功能及其发展趋势，预报生物圈及其资源的变化和这些变化对人类本身的影响，其目的是通过自然科学和社会科学这两个方面，研究人类今天的行动对未来世界的影响，为改善全球性人与环境的相互关系提供科学依据，确保在人口不断增长的情况下合理管理与利用环境及资源，保证人类社会持续协调发展。有近百个国家加入这个组织，我国已于1979年参加了这个该研究计划。

国际地圈-生物圈计划由国际科学理事会（ICSU）于1984年正式提出，1991年开始执行。IGBP的主要目标是解释和了解调节地球独特生命环境的相互作用的物理、化学和生物学过程，系统中正在出现的变化以及人类活动对它们的影响方式，即用全球的观点和新的努力，把地球和生物作为相互作用的紧密相关的系统进行研究。IGBP共包括10个核心计划和7个关键问题。

生物多样性计划由国际生物科学联合会（IUBS）在1991年最早提出，并在国际环境问题科学委员会（SCOPE）、联合国教科文组织等国际组织参加进来以后，将生物多样性研究的各个方面加以组织和整合，正式提出研究项目并开始执行。1996年7月，国际生物科学联合会草拟并通过了当前生物多样性计划"操作计划"的最后版本。操作计划共有10个组成方面的内容，其中5个为核心组成部分。"生物多样性对生态系统功能的作用"是其最核心的组成部分，生物多样性的保护、恢复和持续利用既是重要的研究内容又是研究所要达到的最终目的。

4. 生态学在理论、应用和研究方法方面获得了全面的发展

1）理论方面的进展

① 生理生态学研究在60年代IBP及随后的MAB计划的带动下，以生物量研究和产量生态学有关的光合生理生态研究、生物能量学研究较为突出。生理生态的研究也突破了个体生态学为主的范围，向群体生理生态学发展。在生理生态向宏观方向发展的同

时，分子生物学、生物技术的兴起，促使其也向着细胞、分子水平发展，涉及某些酶系统，如核糖核酸酶活性的变化用作植物对干旱胁迫抗性的指标等。

② 种群生态学发展迅速，动物种群生态学大致经历了以生命表方法、关键因子分析、种群系统模型、控制作用的信息处理等发展过程。植物种群生态学的兴起稍晚于动物种群生态学，它经历了种群统计学、图解模型、矩阵模型研究、生活史研究，以及植物间相互影响、植物—动物间相互作用研究的发展过程，近期还注重遗传分化、基因流的种群统计学意义、种群与植物群落结构的关系等。

③ 群落生态学研究进入了新阶段。群落生态学由描述群落结构，发展到数量生态学，包括排序和数量分类，并进而探讨群落结构形成的机理。

④ 生态系统生态学在现在生态学中占据了突出地位，这是系统科学和计算机科学的发展给生态系统研究提供了一定的方法和思路，使其具备了处理复杂系统和大量数据的能力的必然结果。生态系统生态学在其发展过程中，也提出了许多新的概念，如有关结构的关键种（Keystone Species）、有关功能的功能团、体现能（Embodied Energy）、能质等，这些都有力地推动了当代生态学的发展。

2）应用方面的进展

应用生态学的迅速发展是 20 世纪 70 年代以来的另一个趋势，它是联结生态学与各门类生物生产领域和人类生活环境与生活质量领域的桥梁和纽带。它的发展有两个趋势：

① 经典的农、林、牧、渔各业的应用生态学由个体和种群的水平向群落和生态系统水平的深度发展，如对所经营管理的生物集群注重其种间结构配置、物流、能流的合理流通与转化，并研究人工群落和人工生态系统的设计、建造和优化管理等等。

② 由于全球性污染和人对自然界的过度控制管理，人类正面临着食物保障减少、物种减少和生态系统多样性降低、能源紧张、工业及城市发展矛盾突出等方面的挑战，应用生态学的焦点已集中在全球可持续发展的战略战术方面。

3）研究技术和方法上的进展

研究技术和方法上的进度主要有以下六大方面：

① 遥感技术在生态学上已普遍应用。近 20 年来，遥感的范围和定量发生了巨大的变化，尤其是对全球性变化的评价，促使遥感技术去纪录细小比例尺的变化格局。

② 用放射性同位素对古生物的过去保存时间进行绝对的测定，使地质时期的古气候及其生物群落得以重建，使得比较现存群落和化石群落成为可能。

③ 现代分子技术使微生物生态学出现革命，并使遗传生态学获得了巨大的发展。

④ 在生态系统长期定位观测方面，自动记录和监测技术、可控环境技术已应用于实验生态，直观表达的计算机多媒体技术也获得较大发展。

⑤ 无论基础生态和应用生态，都特别强调以数学模型和数量分析方法作为其研究手段。

1.5.2 生态学的未来发展趋势

1. 生态学的研究重点将发生变化和转移

在 20 世纪的大部分时间里，生态学家对自然的认识大都来自对地球上很少受到人类干扰的那些生态系统的研究。然而，最近的生态学研究倾向于把人类视为生态系统许多组成部分之一，人类不仅是生态系统服务的利用者，而且还是生态系统变化的动因。同时，人类反过来也受到生态系统这种变化的影响。为此，在生态学范畴里，对人类的思维将从强调人类是自然界的入侵者转变为强调人类是自然界的一部分，把研究的重点放在人类如何在一个可持续发展的自然界生存这个重大问题上。

2. 可持续发展是生态学研究的重点之一

在面临严峻的诸多问题的背景之下，人类最急迫的任务是寻找长久的可持续发展之路。生态学家肩负着在生态学研究、环境政策和决策之间进行沟通的重大使命。

3. 加强区域性和全球性合作

生态学家、企业界、政府机构和民间团体迫切需要在区域和国际层面上进一步合作，建立一个多样化的研究团队并使生态学研究国际化，生态学研究才能够脱胎换骨、更上一层楼。生态学研究的合作必须超越国界，毕竟，环境与可持续发展问题是国际性和跨学科的问题。

4. 介入人类发展决策的过程

生态学界认为，生态学要为科学决策提供生态学信息，没有生态学家参与制定的决策是令人担忧的。单纯的科学研究已经远远不能满足时代的要求，必须把生态学知识传递给政策制定者和公众，必须把科学研究转化为行动。

5. 推进创新性和预测性的生态学研究

开发和传播新的生态学知识对制定生物圈可持续发展方案具有重大意义。现代生态学的研究范围很广，包括从生态系统中有生命和无生命组分的分子生物学分析到全球的宏观研究等。尽管如此，生态学研究对自然的认识仍然落后于地球变化的幅度和速度。研究者们只有迅速把预测、创新、分析和跨学科的研究框架建立起来，才能够把影响生态功能的复杂关系了解清楚。

第2章
城乡生态环境

2.1 城乡生态环境相关概念

2.1.1 城市生态学与乡村生态学

1. 城市生态学

城市生态学由芝加哥学派的创始人罗伯特·埃兹拉·帕克（Robert Ezra Park，1864—1944）于 1920 年代提出。芝加哥学派是以美国芝加哥大学社会学系为代表的人类生态学及其城市生态学术思想的统称。兴盛于 1920—1930 年代，开创了城市生态学研究的先河，其代表人物有伯吉斯（E. W. Buurgess）、麦肯齐（R. D. Mckenzie）等。他们以城市为研究对象，以社会调查及文献分析为主要方法，以社区及自然生态学中的群落、邻里为研究单元，研究城市的集聚、分散、入侵、分隔及演替过程，城市的竞争、共生现象、空间分布格局、社会结构和调控机理；运用系统的观点将城市视为一个有机体，一种复杂的人类社会分子，认为它是人与自然、人与人相互作用的产物，其最终产物表现为它所培养出的各种新型人格。芝加哥学派的代表作是 1925 年由帕克等人合著的《城市》。

城市生态学是生态学的一个分支，也是城市科学的分支。至于城市生态学的定义，彼得·M. 布劳（Peter M. Blau）认为麦肯齐最先从狭义上对城市生态学做出定义，"城市生态学是对人们的空间关系和时间关系如何受其环境影响这一问题的研究"。这一定义比较侧重于社会生态学的内容。

许多学者对城市生态学的发展作出了贡献，对城市生态学概念的理解及其定义也日益深化。现代城市生态学的定义一般为：城市生态学是研究城市人类活动与周围环境之间关系的学科。城市生态学将城市视为一个以人为中心的人工生态系统，在理论上着重研究其发生和发展的动因，组合和分布的规律（特征），结构和功能的关系，调节和控制的机理；在应用上旨在运用生态学原理规划、建设和管理城市，提高资源利用效率，改善城市系统关系和环境质量，促进城市的生态化发展。

2. 乡村生态学

乡村生态学作为学术词汇第一次出现在 1977 年，直到 1979 年才作为乡村社会学一个研究方向或研究领域而被提出。1999 年，我国学者周道玮等试图把它作为生态学的一个分支学科，定义为"研究村落形态、结构、行为及其与环境本底统一体客观存在的生态学分支科学"。他们认为乡村生态学不同于农业生态学，后者是根据生态学原理，研究农业生产的最优生态过程和最佳生态组合，而乡村生态学是针对"村落"这一具有生命特征的景观单元，研究其自身发展变化与环境的相互关系。由此可见，周道玮等提出的乡村生态学实际上是村落生态学，对应的英文是"Village Ecology"。

2021 年，王松良等认为乡村生态学对应英文是"Rural Ecology"，与"Village Ecology"是有所区别的，它是研究乡村生态系统功能与结构及其演变规律的学科，而乡村生态系统则是由乡村各类景观与生物（包括人类）相互作用的有机动态整体。理解好"乡村"和"生态学"是把握乡村生态学内涵的前提条件，乡村生态学与城市生态学构成生态学空间互补、内容交叉的生态学图谱。

综合上述对乡村生态学的阐释和理解，乡村生态学可定义为在综合生态学理论和系统思维方法下对乡村生态系统结构和功能的探索，或对受到社会经济、文化综合因素影响下的乡村农业景观研究的学科。

2.1.2 环境与城乡环境

1. 环境

一般来说，"环境"是相对某一中心事物而言的，即围绕某一中心事物的外部空间、条件和状况，以及对中心事物可能产生各种影响的因素。换言之，环境是相对于中心事物而言的背景，或与某一中心事物有关的周围事物。在环境科学中，环境的含义是指围绕着人群的空间，包含直接或者间接影响人类生存和发展的各种因素和条件。

根据《环境科学大辞典》，环境是指"以人类为主体的外部世界，主要是地球表面与人类发生相互作用的自然要素及其总体。它是人类生存发展的基础，也是人类开发利用的对象"。根据《中华人民共和国环境保护法》（以下简称《环境保护法》），环境是指影响人类生存和发展的各种天然的和经过人工改造的自然因素的总和，包括大气、水、海洋、土地、矿藏、森林、草原、野生生物、自然遗迹、人文遗迹、自然保护区、风景名胜区、城市和乡村等。

环境既包括以空气、水、土地、植物、动物等为内容的物质因素，也包括以观念、制度、行为准则等为内容的非物质因素；既包括自然因素，也包括社会因素；既包括非生命体形式，也包括生命体形式。环境是相对于某个主体而言的，主体不同，环境的大小、内容等也就不同。

2. 城乡环境

城乡环境包括城市环境和乡村环境。城乡环境是指影响城乡人类活动的各种自然的或人工的外部条件。狭义的城乡环境主要指物理环境,广义的城乡环境除了物理环境还包括社会环境、经济环境以及景观环境。物理环境包括自然环境、人工环境。城乡自然环境是构成城乡环境的基础;城乡人工环境是实现城市各种功能所必需的物质基础设施;城乡社会环境体现了城市与乡村及其他聚居形式的人类聚居区域在满足人类在城市中各类活动方面所提供的条件;城乡经济环境是城乡生产功能的集中体现,反映了城乡经济发展的条件和潜力;城乡景观环境则是城乡形象、气质和韵味的外在表现和反映。

城乡环境包括物质性、复合性、空间性以及层次性等特征。物质性是城乡环境的基础特征,指无论从狭义还是广义的角度,无论是城乡物理环境、经济环境以及景观环境,城市环境的基本组成元素皆具有明显的物质的、实体的属性。复合性是指城乡环境在构成上具有自然要素(自然环境)与人工要素(基础设施、社会经济和美学环境)的双重性;因而,城乡环境在运行及演替方面受自然规律和人为作用的双重影响和制约。空间性是指城乡环境是城乡人类生产、生活的空间场所,具有一定的空间形态和空间结构。前者是指城乡环境所呈现的一定的平面和竖向特征;后者主要是指城乡中各物质要素的空间位置关系及特点,或者说是城乡环境中各物质要素在地理空间分布中所呈现出的不同特点。层次性表明城乡环境是一个地域综合体,根据其呈现出的以不同活动为中心事物的物质环境的地域分异,可划分出与一定活动相联系的地域子环境,按功能分,有居住环境(区)、工业环境(区)、商业环境(区)和农业生产环境(区)等;按空间区位分,有中心区、边缘区等。不同类型的城乡环境的地域子环境之间存在着复杂的有机联系,共同构成了城乡环境的整体。

2.1.3 城乡生态环境

生态环境的含义从各个学科来分析是有差异的。地理学认为,生态环境指的是环境;生态学认为,生态环境是各种影响植物、动物等生长的因素的综合体;环境学认为,生态环境是一个自然系统,涵盖了各种自然资源、矿产资源等多样化的要素。一般来讲,人们所理解的生态环境不仅指各种各样的自然资源,还涵盖资源开发、环境保护的状况,生态环境与人类社会的健康发展是有密切联系的。

自然资源、环境条件等要素共同组成了生态环境。按照城乡区域划分,生态环境是由城市生态环境与农村生态环境两部分组成的,其中,城市生态环境是指城区的自然生态因素,对城市居民的生活有直接的影响;农村生态环境则是指农村地区的自然生态因素。

城乡生态环境是生态环境的局地化和地域化,城乡生态环境在人居系统演进的漫长过程中与人类互相影响、互相作用,对城乡人居系统的整体状态和未来走向具有基础性的决定意义。

2.1.4 城乡生态环境一体化

我国城乡生态环境存在着明显的二元化倾向。所谓城乡生态环境二元化指城、乡在生态环境的结构、功能、质量等方面的不平衡状态及发展趋势。城乡一体化是中国现代化和城市化发展的一个新阶段。城乡一体化就是要把工业与农业、城市与乡村、城镇居民与农村村民作为一个整体，统筹谋划、综合研究，通过体制改革和政策调整，促进城乡在规划建设、产业发展、市场信息、政策措施、生态环境保护、社会事业发展上的一体化，改变长期形成的城乡二元经济结构，实现城乡在政策上的平等、产业发展上的互补、国民待遇上的一致，让农民享受到与城镇居民同样的文明和实惠，使整个城乡经济社会全面、协调、可持续发展。城乡一体化是随着生产力的发展而促进城乡居民生产方式、生活方式和居住方式变化的过程，使城乡人口、技术、资本、资源等要素相互融合，互为资源、互为市场、互相服务，逐步达到城乡之间在经济、社会、文化、生态、空间、政策（制度）上协调发展的过程。

城乡生态环境一体化研究的对象是关于城市和农村如何统筹生态环境建设，这是城乡一体化的重要内容（图2-1）。城乡生态环境一体化建设是要把城市与农村的生态环境视为整体，要明确城乡之间资源利用以及环境建设等多方面的异同之处，对于相似的部分要采取措施共同管理，而对于出现的不平等现象要想办法解决、弱化，从而达到城乡生态的稳定均衡，不断改善生态环境。总体来说，城市与农村在生态环境的结构、功能、质量以及环境保护系统的投入、管理等方面实现平衡发展，主要包括由城市与农村特有的生产方式和生活方式决定的生态环境结构及质量一体化，以及由政府主导的对城市与农村环境保护和污染治理的政策及投入一体化，从而达到城乡环境污染治理科学合理、城乡节能减排顺畅、城乡生态绿化发展、城乡生活环境良好的和谐状态。

图 2-1　城乡生态环境一体化概念的形成

资料来源：郝锐，城乡生态环境一体化：水平评价与实现路径［D］．西安：西北大学，2019．

2.2　城市生态环境特征

2.2.1　城市生态环境的内涵

1. 城市生态系统

城市是以人为主体的环境系统，是物质和能量高度集中和快速运转的地域，是人口、设施、科技文化高度集中的场所。从生态学的角度，城市是经过人类创造性劳动加工而拥有更高价值的人类物质、精神环境和财富，是更符合人类自身需要的社会活动的载体场所，是一个以人类占绝对优势的新型生态系统。

城市生态系统（Urban Ecosystem）指的是城市空间范围内，居民与自然环境系统和人工建造的社会环境系统相互作用而形成的统一体，属人工生态系统。1971年联合国教科文组织在研究城市生态系统的人与生物圈计划（MAB）中，从生态学角度研究城市人居环境，将城市作为一个生态系统来研究，把城市生态定义为：凡拥有10万或10万以上人口，从事非农业劳动人口占65%以上，其工商业、行政、文化娱乐、居住等建筑物占50%以上面积，具有发达的交通线网，这样一个人类聚居区的复杂生态系统，称为城市生态系统。

城市生态系统是由居住在城市的人类与生物，包括大气和水、土壤等非生物性的自然界组成的系统，城市具有高密度的人口与资金、物质、信息，而且能源也集中于此，并且会重新向城市外扩散。

2. 城市生态环境

城市生态环境是聚居的人类为了生存而不断改造和利用自然环境创造出来的高度人工化环境，是一个由自然环境、社会环境和经济环境共同组成的地域综合体。城市生态环境是在自然环境的基础上，按人的意志，经过加工改造形成的适于人类生存和发展的人工环境，是人类这一特定的生物体在城市这一特定空间的各种生态条件的总和。城市生态环境既不完全是自然环境，也不完全是社会环境，它的演化规律既遵循自然发展规律，也遵循社会发展规律。城市生态环境是以人群为主体的城市生命的生存环境，是一个既包括自然生态条件，又包括社会、经济、技术等条件的一个广泛的范畴，是城市居民从事社会经济活动的基础，是城市形成和持续发展的必要条件。城市生态环境具有有限性、依赖性、整体性的特点。

2.2.2 城市生态环境系统的构成

城市生态环境系统指的是城市空间范围内的居民与自然环境系统和人工建造的社会环境系统相互作用而形成的统一体，它是以人为中心的、开放性的人工生态系统，包括生物因素、非生物因素，拥有可数量化的能流物流。在城市生态环境系统中以人为主体的生物群体与城市环境密切联系，彼此之间相互影响、适应、制约。在城市发展初期，城市生态系统一般是平衡的，但是在城市成长过程中，伴随人口不断增加与集聚，城市生态环境系统的负荷不断加重，超过当时的经济发展水平和环境负荷时，平衡就会出现失调，城市生态环境退化后再对其恢复的难度就会加大，时间也会变长。尤其是近代工业革命以来，随着人类开发、利用自然的能力大大增强，人类从自然界提取的物质和向自然界排放的物质的数量均在逐年增多。这些释放出的物质中大都没有进行回收再利用和必要的处理而直接排入环境，造成了环境污染，削弱了城市生态系统的调节功能，破坏了城市生态环境系统。

城市中进行物质、能量流动的因素，通过生命代谢作用、投入产出链、生产消费链进行物质交换、能量流动、信息传递而发生相互作用、相互制约，构成具有一定结构和功能的有机联系的整体。作为人类改造和适应自然环境基础上建立的人工生态系统，城市生态环境系统是一个自然、经济、社会复合的生态系统。城市生态环境系统关注的问题主要有城市生态环境基础状况（水系、绿化、道路广场、建筑等），城市环境污染（大气污染、水污染、固体污染、声光污染等），以及城市气候（热岛现象等）三部分。

城市生态环境系统包括城市自然生态环境系统和城市人工生态环境系统。自然生态环境包括物理、生物环境，如阳光、空气、温度、土地、植物等；人工生态环境包括城市设施、社会服务，如建筑物、道路、水、电、园林绿化、交通等；生产对象，如工业、农业、交通等。城市生态环境系统与城市生态系统二者没有本质的区别，不同的是，研究的侧重点有所不同。城市生态环境侧重网络结构关系及调控机理的研究，而城市生态环境系统侧重环境特征、要素结构功能的变化以及污染物的环境行为和效应的研究。城市生态环境是城市生态环境系统的基础与条件，城市生态系统是城市环境高一级的综合。

2.2.3 城市生态环境系统的功能

1. 生产功能

城市生态环境系统的生产功能是指城市生态环境利用城市内外系统提供的物质和能量等资源，生产出产品的能力，包括生物生产和非生物生产。生态系统中的生物，不断地把环境中的物质能量吸收，转化成新的物质能量形式，从而实现物质和能量的积累，保证生命的延续和增长，这个过程称为生物生产。生物生产包括初级生产和次级生产。生态系统的初级生产实质上是一个能量转化和物质的积累过程，是绿色植物的光合作用过程。次级生产是指消费者或分解者对初级生产者生产的有机物以及贮存在其中的能量进行再生产和再利用的过程。城市生态系统具有利用城市内外环境所提供的自然资源及其他资源来生产出各类"产品"的能力，为社会提供丰富的物质和信息产品。

2. 生活功能

良好的城市生态环境作为一种公共产品，是全体城市居民的共同利益需求。生态环境良好的区域，能保证城市水、优质空气的供给，能够使城市居住环境的舒适度提高，为城市居民提供方便的生活条件和舒适的栖息环境，从而起到吸引人口、加速城市化的作用。而城市生态环境恶化会提高城市居民的生活成本，影响居民健康。日益严重的环境污染、生态破坏将严重破坏城市居民的生存环境，降低居民生活质量，威胁他们的身体健康甚至生存。伴随对环境污染危害的了解及生活水平的提高，人们不再满足于基本的温饱生活，而对生活质量、身心健康的期望日益增强，对所处城市生态环境系统的要求也更高。

3. 能量流动功能

城市生态环境是一个开放性的系统，与城市以外的周边环境系统进行着广泛的人流、物流和能流交换。能量流动指生态系统中能量输入、传递、转化和丧失的过程。能量流动是生态系统的重要功能，在生态系统中，生物与环境、生物与生物之间的密切联系，可以通过能量流动来实现。城市生态环境系统作用的发挥是靠连续的物流、能量流等来维持的，任何阻碍能量流动的行为、因素都将影响整个系统的正常运转和发展。城市生态系统是开放性非自律的，是一个"不独立和不完善的生态系统"，城市正常运行需要从外界输入大量的物流和能流，同时需要向外界输出产品和排放大量废物。

4. 还原净化和资源再生功能

环境的价值之一是对生产过程造成的污染进行消纳、降解、净化。在正常情况下，受污染的环境经过环境中自然发生的一系列物理、化学、生物和生化过程，在一定的时间范围内都能自动恢复到原状，称为自然净化功能。城市生态环境系统不但提供自然物质来源，而且能在一定限度内接纳、吸收、转化人类活动。但排放到城市环境中的有毒、有害物质被自然净化有一定限度，当超过这一限度时，就打破了城市生态系统的平衡，危害城市的生态环境。消除环境污染既需要自然净化，更需要人工调节。还原功能主要依靠区域自然生态系统中的还原者和各类人工设施，为城市自然资源的永续利用和社会、经济、环境协调发展提供保证。城市的自然净化功能是脆弱而有限的，多数还原功能要靠人类通过绿地系统规划与建设、"三废"防治与控制、工业合理布局、设备更新改造等途径去创造和调节。

5. 信息传递功能

在城市生态环境系统的各组成部分之间及各组成部分的内部，存在着广泛的、各种形式的信息交流，这些信息把生态系统联系成为一个统一的整体。生态系统中的信息形式主要有营养信息、化学信息、物理信息和行为信息。营养状况和环境中食物的改变会引起生物在生理、生化和行为上的变化，这种变化所产生的信息称为营养信息，如被捕食者的体重、肥瘦、数量等是捕食者的取食依据。生物在生命活动过程中，还产生一些可以传递信息的化学物质，诸如植物的生物碱、有机酸等代谢产物和动物的性外激素等。生态系统中的光、声、湿度、温度、磁力等这些通过物理过程传递的信息，称为物理信息，物理信息的来源可以是无机环境，也可以是生物。动植物的许多特殊行为都可以传递某种信息，这种行为通常被称为行为信息，例如，蜜蜂的舞蹈行为就是一种行为信息。

2.3 乡村生态环境特征

2.3.1 乡村生态环境的内涵与特点

乡村生态环境是指以农村居民为中心的乡村区域范围内的生态环境，是由部分自然生态环境、农业环境和村镇生态环境组成。根据其生态环境属性可划分为资源环境、生产环境和生活环境，三者相互联系、相互影响。资源环境为人类的生产、生活提供自然资源，满足人们的生活需求，反过来人们的生产、生活活动产生的污染也会影响自然环境。

乡村生态环境的构成复杂，其系统内部组成要素和外部因子之间相互联系，相互影响，具有如下特点：第一，农村生态环境具有显著的农业特征，农村以农业为主体，形成自然与人工相结合的农业生产系统；第二，农村地域辽阔，人口居住分散，村镇分布、社会结构、经营形式等表现出多样性、自立性、灵活性等明显的社会属性；第三，农村生态环境受自然条件和经济条件的影响，存在明显的地域性和不平衡性。

2.3.2 乡村生态环境存在的问题

1. 土壤污染

土壤污染主要表现为氮、磷肥过剩，有机肥、微量元素缺少；其次，塑料薄膜、购物袋等难降解白色垃圾及废电池等有毒固废随意丢弃对土地也产生了较大危害。土壤污染呈现出多源、复合、量大、面广、持久、有毒的现代环境污染特征，正从常量污染转向微量持久性毒害污染，在经济快速发展地区尤其如此。

2. 农村生活垃圾污染

由于基础设施及管理体制落后，农村生活垃圾污染物一般直接排入周边环境中，造成严重的"脏乱差"现象；缺少垃圾收集系统或装置，随意堆积垃圾于房前屋后；绝大多数农村厕所简易，无化粪池，卫生状况不佳，易生蚊蝇；兽禽多以散养为主，兽禽粪便未经处理，一部分流失于环境中。随着城镇化的加快推进，一些过去只是在城市出现的生活垃圾也成为农村垃圾的主要组成部分，不可降解垃圾占比迅速增加。农村垃圾大都集中露天堆放，造成恶臭熏天、蚊蝇乱飞的"垃圾山"。

3. 农村地表水污染

受生活污水、生活垃圾、兽禽养殖和农田径流以及乡镇企业等方面的污染，农村地区的水体污染十分严重，农村地表水大都呈恶化趋势，不能作为农村饮用水源。以打井方式使用浅层地下水作为饮用水源较为普遍，由于受地表水水质的影响，浅层地下水水质不佳，简易自来水又基本无消毒处理，直接威胁着农民的饮水安全。

4. 乡镇工业污染

随着农村现代化、城镇化进程的加快，农村中的乡镇企业越来越多，加之产业梯级转移和农村生产力布局调整的加速，越来越多的开发区、工业园区特别是化工园区在农村地区悄然兴起，造成城镇工业污染向农村地区转移的趋势进一步加剧。这些企业不仅占用和毁坏了大量农田，还污染了大量农田。此外，由于乡镇工业企业数量多、布局混乱、工艺陈旧、设备简陋、技术落后、能源消耗高，绝大部分企业没有污染防治设施，使污染危害变得非常突出，成为农村社会的最大污染源。随着新农村建设进程的推进，乡镇企业的数量在不断增加，排污量也会不断增加，生态压力将随之上升。

5. 生态破坏和生态退化

在许多农村地区，由于人们长期对林木的乱砍滥伐导致植被破坏，环境自净能力降低，水土流失，河道、沟渠淤塞，水旱灾害频发；乱采滥挖破坏了当地的生态，泥石流、塌方、地陷频发，严重影响当地人民的生命安全；过度放牧、过度开发导致沙漠化，草地荒漠化、盐碱化进一步加剧。各种污染的蔓延，使当地农村的生态环境问题不断加重，已成为环境问题的重灾区。如果继续忽视这些问题，必将影响农村的可持续发展和农村的稳定。

2.4 城乡生态环境一体化

2.4.1 城乡生态环境一体化的内涵

城乡生态环境一体化实际上是把城乡生态环境系统视为一个整体，从系统的角度来统筹生态环境的建设和发展，是在推动区域经济可持续发展、促使城乡经济社会与环境建设结合起来的背景下提出的。城乡生态环境一体化的内涵可理解为：站在区域均衡发展的角度，把城市和农村看作一个整体，全面考虑城乡发展过程中的环境建设问题，在治理过程中保留城乡生态环境的原貌，确保城市与农村生态系统能够顺畅地联系起来，将城市环境与农村的原生态有机结合，加快构建新的城乡发展格局。

城乡生态环境一体化要求彻底改变原先忽略农村生态环境的状况，全面考虑城市和农村生态环境如何治理，走城乡生态经济的发展道路，构建起城市与农村和谐共处的新格局。

2.4.2 城乡生态环境一体化的原则

城乡生态环境建设须遵循以下三条基本原则：公平性原则，城乡生态融合发展、相互合作原则，生态环境保护与经济社会发展相协调原则。

1. 公平性原则

城乡生态环境建设的公平性原则主要体现在三个方面：政策制定的公平性、资源配置的公平性以及城乡居民环境权利的公平性。其中，政策制定的公平性是指政府在进行城乡生态环境规划和建设过程中，制定的政策应该基于城乡发展的实际情况，政策制定不偏向于城市地区，要给予农村建设同等的重视程度和政策支持。资源配置的公平性是指在配置资源过程中，应持着无地区差异、无贫富之分的准则，将社会公共资源平等分配给城市和农村。城乡居民环境权利的公平性是指无论是城市居民还是农村居民，都应拥有同等的生存权和对环境资源的支配权。城乡生态环境建设公平性原则的本质是运用生态系统连接城市居民与农村居民、城市地区与农村地区，不能只考虑城市环境而不管农村地区，应该持有共同发展的理念，在生态环境建设过程中给予城市和农村同等待遇，从而推进美丽城市与美丽乡村建设一体化。

2. 城乡生态融合发展、相互合作原则

城乡生态融合发展是城市与农村地区基于生态补偿机制而形成的一种生态环境发展状态，是以不破坏城乡生态平衡为前提，尊重自然、保护自然，并且采取科学合理的措施进行城乡生态合作，进而能够获取城乡所需的正当利益。快节奏的城市在加强自身经济建设的同时，不能过度开发利用自然资源，应该注重城区生态环境的保护，要保存一定的生态绿地以增强环境承载能力；慢节奏的农村地区在发展乡镇企业的同时，更应保护好本地区优良的自然生态环境。在城乡一体化进程中，城市和农村都要注重自然资源与环境承载力的关系，实现城乡生态融合发展，协调人和自然的关系。

3. 生态环境保护与经济社会发展相协调原则

城乡一体化涉及多个方面，经济发展一体化是其中重要的内容，而生态环境的一体化能为经济发展一体化提供重要的生态保障。在推进经济社会发展的同时，必须把生态环境的保护工作协调进行。如果不考虑环境，而盲目地进行经济扩张，会导致经济发展的不可持续性甚至最终衰败。因此，首先要提高城乡居民的环保意识，在经济活动中时刻不忘环境保护；其次，一旦所开展的经济活动对环境产生负面影响，要负责任地采取相应的措施进行污染治理；再次，城乡要充分利用自然资源及社会资源，提高资源配置的效率；最后，在规划城乡经济布局时，要将经济活动的环境成本考虑在内，加强对生态环境的优化，使生态系统更加稳固。

2.4.3 城乡生态环境一体化的具体内容及特征

城乡生态环境一体化包括城市和农村的生态环境建设两部分。城市生态环境建设涵盖合理规划和布局城区生态环境以及对城市生活垃圾、工业废水废气、交通尾气污染等污染物的处理。农村生态环境建设一方面要关注农村土地、森林、农产品种植等对生态平衡的保持；另一方面，城乡生态环境负担转移问题是需要引起关注的另一重点。城市人口数量会随着城市化水平的提高而不断增加，为满足庞大人口的生活资料、能源消耗等需要，城市会扩大对农产品的需求，进而加大对自然资源的开发，使农村生态环境压力变大；城市随着规模的扩张而加大土地需求，不可避免要获取农村的土地资源，间接地增加了生态环境的负荷。同时，城市不断向农村转移大量生产生活垃圾，甚至把许多重污染的企业转移到农村，制约了农村生态环境建设的步伐，这对农村生态系统是十分有害的。因此，只有解决好城乡生态环境负担转移问题才能真正实现城乡生态环境一体化。

理想状态下的城乡生态环境一体化的特征主要体现在以下三点：①在城乡生态环境一体化状态下，城乡生态环境已达到城乡节能减排、污染治理、环境保护、生活环境等方面的一体化。城市与农村生态环境协调体系已建成，城乡生态系统建设实现了有机融合。②城乡生态环境建设具有统一的标准，进行统一规划，得以科学管理。城乡生态环境一体化状态下，城乡的发展建设规划中，政策的制定、法规的颁布、经费和资源的划拨都是统一进行的。另外，城乡对环境进行评价的标准应该是统一的，以便于城乡进行环境的保护；城乡对环境进行监测的设施应该是统一的，以便于城乡进行环境的整体监测；城乡对污染物进行处理的设备也应该是统一的，以便于城乡进行污染物的集中处理。③城乡生态环境健康平衡发展，形成了宜居城市、美丽乡村的区域发展新局面。城乡生态环境一体化状态下，城市与农村生态环境纳入同一个系统中，城乡的生态环境能够进行互补、经济社会发展同生态环境保护能协调进行，城市和农村协调发展、人类和自然环境和谐相处。

2.5 城乡生态环境治理

2.5.1 城乡生态环境治理的内涵

城乡生态环境治理就是利用生态学基本原理、原则和方法进行城乡生态建设和环境治理。城乡生态环境治理的实质是城乡生态环境的保育，即城乡生态系统的保护、改良与合理利用。因为生态环境问题具有治理的整体性、危害的广泛性、责任的模糊性以及治理主体的多元性，所以城乡生态环境治理是一项复杂的系统工程，并且在治理过程中具有投资规模大、覆盖地域广、牵扯的利益主体多等特点。城乡生态环境治理包括环境污染防治和生态恢复与重建。生态环境本身的多元性及交互作用，决定了生态环境治理的综合性与复杂性。

2.5.2 城市生态环境治理的基本特征

1. 政府规制的强制性

生态环境治理作为公共管理的重要领域，从经济学角度来看，是一种典型的"公共物品"或"公共服务"。而对于公共产品及共享资源，因在使用和消费上不具有排他性，市场系统本身不具有反映这类资源社会稀缺性的作用，导致市场既无生产足够量的动机，也缺乏保护和投资的刺激机制，所以市场无法自发地提供这类公共物品。由于环境物品所具有的公共物品性及其本身所具有的外部经济性、广泛性和长远性特点决定了政府在生态环境治理过程中的主导作用，生态环境治理必须是系统化、规范化的统一管理，需要依靠政府的宏观调控和领导，通过政府实施的强制措施包括使用经济手段、法律手段、行政手段、技术手段等对生态环境进行保护和治理，限制人类污染与破坏环境行为，这样才能使生态环境问题得以控制或解决。依靠政府环境管理职能的强制手段，通过进一步加快环境法律建设，并按照有关法律法规对所辖区域的环境保护实施统一的行政监督管理和强化环境监管力度，规范污染治理市场，才能更好地解决严峻的生态环境问题。

2. 市场机制的调节性

在生态环境治理问题上，政府的干预会出现失灵的情况，也就是说在生态环境治理上政府所采取的行政措施有时不能增进生态环境治理绩效并且不能产生公平分配的结果，特别是政府的生态环境治理政策的缺陷导致价格扭曲，缺乏足够强的手段和强制措施以达到环境治理目标，或者在生态环境治理中出现寻租行为等。此时需要发挥市场机制来弥补政府"有形之手"之不足，作为政府失灵的补充。基于市场调节的环境治理是通过一定的市场化调节手段和激励方式让污染主体自发地减少污染物的排放，从而达到对生态环境负面影响的最小化。与政府管控的强制性相比，运用市场化手段治理生态环境具有很大的灵活性。市场机制是一种基于价值规律的制约关系和调节机制，市场机制主要包括价格机制、供求机制和竞争机制。目前，生态环境污染治理需要大量的资金投入保证其建设和运行，生态环境保护基础设施的建设、运行、管理需要市场化运营的模式。为进一步促进可持续发展和保持生态环境，使市场价格准确反映经济活动造成的生态环境代价，需要与生态环境治理有关的各方利益主体按市场经济规律和市场机制运行，充分发挥经济手段和市场机制的调节功效。

3. 公民社会的参与性

现代城市生态环境治理需要一个良好的公民社会作为支撑。公民社会又常常被称为市民社会和民间社会，强调公民的公共参与和公民对国家权力的制约。公民社会的组成要素是各种非政府和非企业的公民组织，包括公民的维权组织、各种行业协会、民间的公益组织、社区组织、利益团体、互助组织、兴趣组织和公民的某种自发组合等等。由于它既不属于政府部门，又不属于市场系统，所以人们认为它介于政府与企业之间。随着社会民主意识的提高和公众环境意识的觉醒，在生态环境治理中公民社会参与的范围和程度不断提高，通过积极介入和影响政府和企业等主体的生态环境决策和治理行为，公民社会在生态环境治理领域中的作用越来越重要。公民社会通过正规、合法的环境利益表达机制，并通过这些表达机制将自己的环境诉求引入政府日常生态环境治理决策过程，将会对生态环境治理体制机制的完善起到推动促进作用。公民社会的完善发展以及积极参与生态环境治理是实现生态环境善治的基础。

2.6 城乡规划与城乡生态环境

2.6.1 城乡规划与生态环境建设

广义地说，城乡规划建设就是城乡规划管理者通过城乡总体规划和详细规划动用行政、经济和法律的手段，调动城乡的各种资源，去实现一定时期内城乡的经济和社会发展目标。狭义地说，城乡规划建设指组织编制和审批城乡规划，并依法对城乡土地的使用和各项建设的安排实施控制、引导和监督的行政管理活动。

城乡生态环境是城乡规划的前提和对象，城乡规划的对象是城乡规划区内的土地利用和各项生产建设活动，它们都是城乡生态环境的组成要素。自然、人口、社会环境是城乡规划的物质基础。城乡生态环境的特点决定了规划管理的方向、方式、方法和效果。城乡规划的目标之一是提高城乡生态环境质量，就是从城乡的整体和长远利益出发，合理有序地配置城乡有限的空间、环境资源，实现城乡经济、社会、环境三个效益的协调发展。从古到今在城乡规划管理实践中出现的各种思潮，都以提高城乡的生态环境为基本宗旨。科学、合理地规划布局不仅使城乡建设和经营管理更经济，而且是创造一个和谐、美好的生态环境的基础。如工业用地的合理规划布置绿地系统，对城乡生态环境影响巨大，它有利于充分利用自然界的自净能力，促进资源的综合利用和"三废"的集中回收与治理。

2.6.2　城乡生态环境在城乡规划中的应用

1. 深化城乡规划的制度改革

在城市生态环境逐渐受到社会大众重视的基础上，城乡规划的制定与实施部门要想实现城市生态环境在城乡规划中的作用，就要立足于实际，采取合理、有效的方法来增强城市生态环境在城乡规划中的应用，最大化实现其价值，为城乡规划建设提供一个良好的保障。首先，城乡规划相关部门要及时改变思想观念，积极学习生态与环境保护等方法，增强城乡规划中的城乡生态环境理念的应用。针对当前在城乡规划中的城乡生态环境存在的一系列问题，要在合理分析实际的基础上采取措施进行解决。城乡规划建设作为一项工作量较大的工作，在实际的建设过程中往往会由于各方面因素的影响，进而导致城乡规划建设的进程受到影响，质量也不高。对于这一问题，城乡规划的制定与实施部门要全面分析城乡规划建设情况，在前期要深化城乡规划的制度改革。在立足实际的基础上开展各项工作，在生态建设中要充分利用国内外的先进规划设计理念，积极应用合理的建筑材料和绿色无公害的材料来开展相关工作，以此来减少城乡规划建设对周围环境的污染。与此同时，为了使最终的城乡规划建设的效果能达到绿色环保的有效目的，城乡规划相关部门还要积极改变城乡规划设计理念，对现有制度中存在不利于城乡规划设计的部分进行改正，通过科学的制度来引导城乡规划建设的开展。此外，城乡规划相关部门还要积极进行预防，避免相关问题对城乡规划建设的整体质量造成影响。要从源头抓起，在城乡规划建设前期制定合理、有效的城乡规划建设体系，通过现代的城市生态环境理论来改善城乡居民居住环境，使最终的设计可以在实践中达到良好的效果。

2. 加强环境保护，创造良好的人居环境

随着现代经济的快速发展，人们的物质生活水平不断得到提高，社会大众在寻求物质追求的同时也开始追寻精神需求方面的满足，这使得生态环境建设的重要性更加凸显出来。在城乡规划中，城乡生态环境的运用也开始广泛化，但要发挥出其在城乡规划中

的作用，还要立足于实际来采取合理的环境保护措施。城乡生态环境作为一个先进的设计理念，在实际的应用过程中并不是一成不变的，往往需要根据时代趋势来不断更新与发展，进而适应社会的需求。在现阶段，城乡规划中常常会由于各方面因素的影响而出现一系列的环境污染问题，这些问题不仅对城乡规划建设整体水平的提升造成了不利影响，还在一定程度上危及了人们的生活环境，成为制约城乡发展的顽疾。

对此，城乡规划的相关部门要全面分析城乡规划实际情况，对所存在的问题进行深入分析与研究，后续通过环境保护措施来实现城乡生态环境的改善，减少各方面的污染，并积极开展城乡绿化工作，有效防治各类污染，这可以在保证城乡规划建设水平的同时，使人们可以生活在一个良好的人居环境中。

3. 维护生态平衡，促进城乡可持续发展

城乡生态系统是由城乡居民和居民生活、生产环境要素所构成的。在实际的城乡规划建设中主要是由政府来进行建设，但由于涉及地区较多，涉及的构成方面较多，且建设过程中往往会由于各类外界因素的影响，进而阻碍了城乡规划建设的整体进程。因此，城乡规划相关部门要从全局的角度去综合考虑，制定综合性的实施战略。城乡规划设计过程必须加强对生态层面的关注，要尽可能地避免城乡规划建设对生态环境的影响。同时要加强在规划建设过程中对生态环境的监督管理，一旦发现生态方面的问题，要及时采取措施来进行解决。特别是农村地区，大多数农民是靠种植农作物来获得经济效益的，一旦生态环境出现污染，将会对其生产、生活造成极大的不利影响，也影响了农产品的市场供应。对此，政府等相关部门要注意在城乡规划中促进城乡现代化进程的同时，要根据农村地区生态环境水平来开展相关工作，通过掌握其实际情况来保持城乡的特色，积极开展环境污染防治工作，使城乡规划工作得到实质性的进展，为城乡居民的生活提供良好的保障，实现城乡可持续发展。

方法篇

第3章

城乡生态与环境要素分析

随着城镇化进程的不断加快，城乡生态环境问题日益突出，伴随着生态文明建设进程加快，对城乡生态环境要素的分析研究成为学术界持续关注的热点论题。相关研究者应充分分析生态与环境要素，开展生态环境要素的调研活动，从而进行生态环境要素的评估，为更好地保护生态环境作贡献。生态环境要素是指基本物质构成的周围事物，存在于生活的方方面面，如气候、土壤、水文、生物、信息等。

3.1 生态与环境要素类型

3.1.1 气候

1. 概念

最初气候的概念是指某一地区某一时段大气的平均状况和极端天气现象的综合和异常；到现代气候的概念是指整个气候系统的全部组成部分，在某一特定时段的平均统计特征[3]。

气候系统包括大气圈、水圈、岩石圈、冰雪圈和生物圈五个组成部分，每个组成部分都具有不同的物理性质，分别构成一个子气候系统，气候系统组成如图3-1所示。

2. 气候的基本要素

1）温度

大气温度是大气气候层中气体的温度，简称"气温"，是描述气候的基本特征之一，其单位一般用摄氏度（℃）和绝对温标（K）表示。温度不仅在同一位置的不同高度不同，而且在不同的时间和空间上也不同。温度有日变化和季节变化等，如一天中早晨和晚上的温度低，中午的温度高；北半球夏季的温度高，冬季的温度低。

常见的比较温度的方法有月平均温度、年平均温度、温度年较差（一年中最高月平均温度与最低月平均温度的差值）。温度受海陆的热力差异、洋流、海拔高度、地理位置、云量和反照率的影响，具体原因如下：

① 海陆对温度的影响是由于海洋和陆地紧挨在一起，在相同情况下，陆地的加热过程比海洋快、温度比海洋高；同样陆地冷却也比海洋快、温度会更低。因此，陆地上

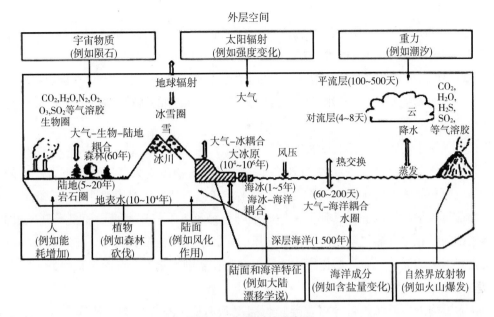

图 3-1 气候系统示意图

资料来源：陈星，马开玉，黄樱. 现代气候学基础 [M]. 南京：南京大学出版社，2014.

的气温变化率比海洋上的大得多。水体具有高度流动性，且能积累热量，水体冷却比较慢；陆地中热量只能由表面吸收，因而散热快。

② 洋流对温度的影响是由于整个地球系统从太阳辐射中获得的能量与发射到外层空间的能量相等，从能量净收支方面来看，纬度比较低的地方获得能量，纬度比较高的地方失去能量。由于洋流的输送作用，低纬度地区越来越热、高纬度或极地地区越来越冷的情况才没有发生。

③ 海拔高度对温度的影响，经过众多学者的计算得出海拔每升高 1 km，温度下降 6.5℃。高度不但会对温度有影响，也对大气压和大气密度有影响，高海拔地区的大气密度减小，导致大气吸收和反射的太阳辐射都很少。因此，随着海拔高度的升高，太阳辐射强度增加，导致白天迅速升温；反之，高海拔地区夜间的降温也迅速。

④ 地理位置对温度的影响表现在不同地理位置温度不同，或即使位置相同，盛行风向不同，温度也不同。盛行风向是由海洋吹向陆地的沿海地区，还是从陆地吹向海洋有显著的差别。与同纬度内陆地区相比，沿海地区受海洋的调节作用会"冬暖夏凉"；但若没有海洋的调节作用，它的温度变化特征基本与内陆地区一样。

⑤ 云量和反射率不同温度不同，大部分云具有高反射率，能将部分的太阳辐射反射回地球外。白天，与无云的晴天相比，阴天时云减少了太阳辐射并使得白天温度偏低，云的反射率取决于云层的厚度；夜晚，云的作用与白天相反，云吸收地球向外辐射或者向地面辐射的热量，使得阴天的夜间降温不会像晴朗的夜间降温那么低。云的作用使得白天最高温度适度降低和夜间最低温度适度升高，从而使得日温差缩小[4]。

2）湿度

湿度是用来表示大气中水汽含量的一个重要指标，大气中含有的水汽含量及其发生的相变对气候影响很大。湿度的表示方法有很多，例如说混合比、比湿、绝对湿度、相对湿度、露点温度等。饱和水汽压是指空气中的水汽含量达到某一温度下空气所能容纳水汽的最大量，大量实验表明，饱和水汽压仅与温度有关，是温度的函数，随温度升高而增大。

3）气压

在大气层中的物体，都要受到空气分子撞击产生的压力，这个压力称为大气压强，简称为"气压"。也可以认为，大气压强是大气层中的物体受大气层自身重力产生的作用于单位面积物体上的压力。气压无时无刻不在变化，其变化有周期性的日变化和年变化，通常每天早晨气压上升，到下午气压下降；每年冬季气压最高，而夏季气压最低。当然气压的变化也有非周期性的变化，气压的非周期性变化常和大气环流以及天气系统的变化有很大的关系，而且变化的幅度很大，如在寒潮影响下，气压会很快升高，但冷空气一过气压又慢慢降低。

在赤道附近的低纬热带地区，温暖、潮湿和不稳定空气的辐合使这一地区雨量集中。在副热带高压控制的地区，一般干旱盛行，形成大沙漠。在更靠近极地的中纬度地带，以副极地低压为主，许多移动的气旋性扰动又增加了降水。最后，在极地地区，温度较低，空气中只能容纳少量的水分，降水总量下降。

表 3-1 为笔者根据温度、湿度、地理位置（地域分布）的不同对我国的气候类型进行的分区。

表 3-1　我国气候类型区划

气候类型	温度状况	湿度状况	气候特征	气候调节任务	地域分布
寒冷	7月平均温度≤5℃；12月平均温度≤-10℃	7月平均湿度≥50%	冬季寒冷、年日均温度低于5℃的日期多，夏季温度不是很高	冬季保暖、防风	东北全境和内蒙古东部地区、新疆部分地区
温和	7月平均温度≤28℃；1月平均温度≥-10℃	7月平均湿度≥50%	冬季不是十分寒冷，夏季不是十分炎热	冬季保暖，夏季降温	北方中原地区、西南和西北大部分地区
湿热	7月平均温度在25℃～30℃之间，1月平均温度≥0℃	7月平均湿度≥50%	夏季炎热潮湿	通风与降温，同时要适当考虑冬季的气温调节问题	江南以及华南和西南的部分地区
干热	7月平均温度≥18℃，1月平均气温在-5℃～-20℃之间	7月平均湿度<50%	干旱、太阳辐射强、夏季炎热、气温差和日温差大、风沙大	防风沙、改善温度条件和防止过量的太阳辐射	新疆的大部分地区

气候类型	温度状况	湿度状况	气候特征	气候调节任务	地域分布
炎热	7月平均气温在25℃～29℃之间，1月平均气温 > 10℃	7月平均湿度 ≥ 50%	全年温度较高，夏季潮湿、炎热	通风与降温是城市气候设计的主要任务，基本可以不考虑冬季的气候调节问题	华南的大部分地区

资料来源：柏春. 城市设计的气候模式语言［J］. 华中建筑，2009，27（5）：130-132.

3. 气候变化的原因

气候变化是气候随着时间的变化而产生的任意变化（包括自然和人为因素等多个方面）[5]。气候变化的原因有很多，主要有自然因素和人为因素两个方面：自然因素是指自然发展中遇到的因素，人为因素是指人类对自然界进行的改造。

大量学者的研究表明引起气候变化的主要原因是温室效应。大气层具有允许太阳短波辐射透入大气低层，并阻止地面和低层大气长波辐射逸出大气层的作用。若大气中累积的温室气体过多，地表辐射出去的能量就被大气大量截留，使得大气的温度越来越高，这就像是玻璃温室一般。大量的温室气体的排放造成了温室效应，温室气体主要成分包括水蒸气、二氧化碳、甲烷、一氧化碳等。

温室气体的排放带来的一些影响如下：①温室气体的不断排放造成人类生存的地球温度不断升高；②大量化石燃料的使用造成的温室气体排放到空气中，对环境带来显性和隐性的影响；③随着工业化和城市化进程的发展，碳的含量已经快达到峰值；④温室气体已经导致地球的平均温度提高了 1.3℃，为避免带来更严重的灾害，温度应控制在 2℃ 之内，这就要求人们减少对含碳化合物的使用，多使用清洁能源；⑤气候变化可能会带来一系列的连锁反应，使得人类处于灾害之中，最严重的结果是导致地球上所有的物种灭绝。

4. 气候变化的影响

1）气候对全球的影响

2019 年 11 月初，多名科学家向世界宣告：地球已进入"气候紧急状态"。据研究表明，2011—2020 年的 10 年间，全球地表温度比 1850—1900 年间高 1.09℃，这是自 12.5 万年前冰河时代以来从未见过的水平，过去 5 年的温度也是自 1850 年有记录以来最热的 5 年[6]。

全球二氧化碳排放量不断增加加重温室效应，使地球保暖性增加、散热性降低，会引起全球气候变暖、冰川融化、海平面上升等一系列问题。从 2021 年夏季以来，北半球极端天气频发，欧洲、北美、东亚及其他地区遭受暴雨和高温的侵害，高温灾害使美国多地发生了森林火灾，包括俄勒冈、加利福尼亚等 10 个州发生了 60 多场森林火灾。享有"气候温和宜居"美称的西雅图夏季最高温度竟达到 46.1℃，之前通常夏季平均温度不超过 30℃ 的温哥华最高温度也高达 40℃，大幅度打破多年的历史纪录。2021 年 7 月初，日本太平洋沿岸的部分地区遭遇暴雨袭击，造成了多人伤亡；2021 年 7 月中旬，德国遭受洪灾，171 余人遇难，数百人受伤；2021 年 7 月中下旬，我国河南省大部分地区连降暴雨、大暴雨，郑州市、焦作市、济源市等地出现了特大暴雨，部分地区的月平均降雨量超过年平均降雨量，造成了 300 多人遇难，1 400 多万人受灾，上万名群众被紧急转移，出现了村庄被淹、路边车辆被冲走的情况。

全球变暖会使地表水分蒸发形成降雨，特别是雨季的时候由于这种作用可能会形成暴雨。全球气候变暖影响农作物的产量及畜牧业的生产、水资源供需和能源需求等；气候变暖会影响能源输送，破坏建筑物、城市基础设施，影响旅游业、建筑业等行业发展，降低人们生活环境质量；空气污染中的不利因素会加剧影响人类的身体健康。

2）对我国的影响

近年来，我国极端天气频率和强度出现了明显变化，干旱、洪水、热浪、雪崩和风暴等出现的频率增加，常常造成规模性的破坏和伤亡。气候变化对我国各个地区的降水量都有影响，如近年来华北和东北地区干旱加重，长江中下游地区和东南地区洪涝加重。在全球变暖的大背景下，我国北方冬季的气温也呈现出了上升趋势，对农作物的影响比较大，使农作物产量的不稳定性增加，这会引起粮食减产、农业投资成本加大和土壤肥沃力下降等。气候变化还会影响植被覆盖率，使其逐渐降低，造成严重的土地沙漠化问题。

3）对自然资源的影响

（1）对地形的影响

降水对地形的影响表现在：降水对地表的侵蚀作用、昼夜温差大对岩石的风化作用。主要是高寒地带，气候寒冷，冰蚀地貌广布；沙漠地带，降水稀少，温差大，风力作用强，风蚀地貌，沙漠广布；湿润地带降水较多，流水作用大，既有侵蚀作用形成的地貌（沟谷），又有沉积作用形成的地貌（三角洲、冲积平原）。

（2）对水文的影响

对水文的影响包括对河流特征、河流水系特征和沙漠地区水系的影响。

① 对河流水文特征的影响主要体现在：河流流量和水位的季节变化（雨林气候和海洋性气候变化小；地中海气候的特点是冬季为汛期，夏季为枯水期；热带草原气候、季风气候、大陆性气候的特点是夏季为丰水期）；结冰期的长短；温带地区的河流可能出现结冰期（海洋性气候与大陆性气候不同）。

② 对河流水系特征的影响主要体现在：降水量大的地区，河网密度较大，河流的长度较长；降水量小的地区，河网密度较小，河流的长度较短。对湖泊的影响主要表现在：内流湖区为气候干旱，蒸发量大，水位较低，盐度较高；外流湖区为降水丰富，湖泊面积较大，多为淡水湖。

③ 对沙漠地区水的影响主要体现在：沙漠地区昼夜温差大，空气中的水汽凝结下

渗地下而成地下水。沙漠地区气候干旱，若降水少、蒸发量大，地表水缺乏，沙漠地区的沙漠面积会呈现蔓延的趋势。

4）对城市的影响

城市气候的温度明显高于郊区，特别是在夏天，太阳辐射和热源增多又散发、扩散不出去的情况下尤为严重；由于人类的各种活动形成了区域小气候，区域气候特征尤为明显；快速的城镇化使城市中排放含硫的物质增多，部分地区形成酸雨，破坏土质；全球城市变暖带来了城市暴露度高、脆弱性强的特点。因此必须加大环境整治、增多城市绿地的面积、减少废弃物的排放，逐渐改善城市微气候的情况。

3.1.2 土壤

1. 概念

土壤是在地球表面生物、气候、母质、地形、时间等因素综合作用下所形成的能够生长植物、具有生态环境调控功能、处于永恒变化中的矿物质与有机质的疏松混合物[7]。

土壤生态系统是指由于土壤、生物与周围环境相互作用，以物质流和能流相贯通的土壤环境的复合体，它具有一定的结构、功能与演变规律。在任何一个土壤环境复合体中，生物种群、数量、环境条件同土壤的相互作用，都可构成土壤生态系统的结构。特定的物质和能量的输入、输出与转化，水分与养分的吸收、循环及转化构成该系统的功能。主要分为：生命有机体部分，即植物和土壤微生物等；非生命无机环境部分，即太阳光、能、大气、母岩与母质、地表形态及土壤矿物质、水分和空气等。

土壤可以分为城市土壤、农业土壤、自然土壤。随着经济的发展，土壤的特征逐渐被相关学者重视，城市土壤与农业或自然土壤的对比见表3-2。

表3-2 城市土壤与邻近的农业土壤或自然土壤的对比

特征	城市土壤	农业土壤或自然土壤
气候条件	高温、多雨、少风、低湿干燥、多云、多污染、多放射、少太阳辐射	基本与自然气候带的特征相吻合
水文状况	易形成地表径流，雨水下渗少，通透性差	具有较好的土壤通透性和排水性能
植被与土壤组成	植物种类与数量单一贫乏、稀疏；土壤生物少	具有多样性的上覆植被和土壤生物
物质组成	组成多样且多变，砂粒、黏粒、有机质及人为附加物等	组成多样，但较为均一，人为附加物少
成土过程	人为成土过程（如搬运、堆积、填充、混合等）为主，自然成土过程为辅	自然成土过程、人为熟化过程
剖面结构形态	无正常或完整的自然剖面分异特征，结构紧实	具有明显的土壤剖面分异特征，结构发育较好

特征	城市土壤	农业土壤或自然土壤
养分特征	养分贫瘠，养分循环速率与效率低，少人工施肥	养分较为丰富，养分循环速率与效率相对较高

资料来源：章家思，徐琦. 城市土壤的形成特征及其保护 [J]. 土壤 1997，29（4）：189-193.

2. 土壤分类

土壤分类是进行土壤调查、土地评价、土地利用规划的依据。土壤个体之间存在共性和个性，只有进行分类才能更好地辨别它们之间的联系或相互关系。中国土壤分类系统在鉴别土壤和分类时比较注重成土条件、成土过程、土壤剖面性质，这里介绍的现行中国土壤分类系统是由全国第二次土壤普查办公室为汇总第二次全国土壤普查成果编撰《中国土壤》而拟定的分类系统，其高级分类自上而下是土纲、亚纲、土类、亚类。

1）土纲

土纲是对某些有共性的土类的归纳与概括。如铁铝土纲，是在湿热条件下，在富铁铝化过程中产生的黏土矿物以三、二氧化物和1∶1型高岭石为主的一类土壤，如砖红壤、赤红壤、红壤、黄壤等土类归集在一起，这些土类都发生过富铁铝化过程，只是表现程度不同。

2）亚纲

亚纲在土纲范围内，根据土壤现实的水热条件划分，反映了控制现代成土过程的成土条件，对于植物生长和种植制度也起着控制性作用。如铁铝土纲分成湿热铁铝土亚纲和湿暖铁铝土亚纲，两者的差别在于热量条件。

3）土类

土类是高级分类中的基本分类单元。基本分类单元的意思是，即使归纳土类的更高级分类单元可以变化，但土类的划分依据和定义一般不改变，土类是相对稳定的。划分土类时，强调成土条件、成土过程和土壤属性的三者统一；认为土类之间的差别，无论在成土条件、成土过程方面，还是在土壤性质方面，都具有质的差别。

4）亚类

亚类是在同一土类范围内的划分。一个土类中有代表土类概念的典型亚类，即它是在定义土类的特定成土条件和主导成土过程下产生的最典型的土壤；也有表示一个土类向另一个土类过渡的过渡亚类，它是根据主导成土过程以外的附加成土过程来划分的。如黑土的主导成土过程是腐殖质积聚，典型概念的亚类是（典型）黑土；而当地势平坦，地下水参与成土过程，这是附加的或称次要的成土过程，根据它划分出来的草甸黑土就是黑土向草甸土过渡的过渡亚类[8]。

3. 土壤面临的问题

1）土壤污染化大

根据污染物的性质，可把土壤污染物分为物理污染物、化学污染物和生物污染物，有水质污染、大气污染、固体废弃物污染、生物污染、综合污染等各种污染源的综合排放造成的土壤污染。

2）土壤坚实度变大

土壤坚实度的增大使土壤的空气减少，导致土壤通气性下降，土壤中氧气常不足，这对树木根系进行呼吸作用等生理活动产生不利的影响，严重时可使根组织窒息死亡。

3）土壤贫瘠化

城市中植物的枯枝落叶常作为垃圾被清除运走，使土壤营养元素循环中断，降低了土壤有机质的含量，而城市渣土中所含养分既少且难以被植物吸收，随着渣土含量的增加，土壤可给的总养分相对减少。另外行道树周围铺装混凝土、沥青等封闭地面，严重影响大气与土壤之间的气体交换，使土壤中缺乏氧气，不利于土壤中有机物质的分解，也减少了养分的释放。

4）土壤含水量低

随着城镇化的进程，大量的地面硬化铺装的铺设，导致降水后土壤水分补给减少；另一方面，热岛效应引起的过高的土壤水分蒸发也加剧了土壤含水量降低。

4. 土壤的功能

1）调节功能

调节功能指土壤作为自然界组成部分，与其他环境因素的交互过程中所发挥的功能。包括水分循环功能，即土壤在水循环中，对水分渗透与保持的数量与质量；养分循环功能，即在养分循环中，对植物营养的供给能力；碳存储功能，即在碳循环中，土壤对有机碳和无机碳的存储功能，尤其是对有机碳的存储功能；缓冲过滤功能，即土壤对重金属的缓冲过滤功能；分解转化功能，即土壤对有机污染物的分解转化功能。

2）动植物栖息地功能

动植物栖息地功能以保护稀有动植物为目的，确保土壤能够为植物和动物提供栖息场所，土壤对于保护和提高生物多样性具有重要作用。

3）作物生产功能

作物生产功能是土壤被人类最早认识的功能之一，包括农业、林业生产和粮食作物和经济作物生产。土壤可以固定植物根系，具有自然肥力，能够促进作物生长，方便人类进行农业生产。

4）人居环境功能

人居环境功能指土壤作为人类生活和居住的环境，有提供建筑、休闲娱乐场所，维护人类健康发展的功能。健康良好的土壤在提升城市环境质量中发挥着重要的作用，但这一作用往往被忽视。土壤能够增加空气的湿度同时可以明显减少灰尘的数量，包括空气中的微小尘埃。植物可以过滤空气中的尘埃，当尘埃进入土壤，会被分解和矿化。若土壤被封闭，则失去了相应的功能。土壤作为人类的居住环境，与人类生活息息相关，其污染与否直接关系着人类的健康。

5）自然文化历史档案功能

自然文化历史档案功能指土壤有作为历史档案记录自然变化和人文历史的功能。在自然历史方面，主要考虑是否有反映古气候古地貌变化的稀有独特土壤；在历史文化方面，主要考虑土壤是否具有人文历史遗迹，如土壤是否含有代表历史的工艺品，是否有受人为影响的底土层（有城市发展的历史遗迹）等。这些历史信息有利于了解过去、理解现在和预测未来。

6）原材料供给功能

原材料供给功能指土壤具有供给黏土、沙石、矿物的功能，例如，黏土含量较高的土壤可以用来制陶，而土壤中的砂石可以用来建筑，但此功能是不可持续的。

5. 土壤污染的影响

土壤污染是指人类活动的污染物进入土壤，产生土壤环境质量现存或潜在的恶化，对生物、水体、空气和人体健康产生危害或可能有危害的现象[9]。我国土壤污染已出现多源、复合、量大、面广、持久、毒害的特征，污染物的种类也是越来越多，尤其是经济发达的地区，土壤污染已从局部扩散到整体，从城市城郊延伸到乡村，从单一污染源扩展到复合多样污染物，从生活污染、农业污染和工业污染叠加到各种新旧污染与二次污染相互复合或混合[10]。

1）土壤污染的特点

① 土壤污染具有隐蔽性和滞后性。大气污染、水资源污染一般都比较直观地反映出来，而土壤污染基本上通过感官不会被发现，它往往要通过对土壤样品进行分析化验和农作物的残留检测，或者通过观察人类和动植物的健康状况来确定。土壤污染可能会积累很长时间才会显现出来，短期内不容易被发现。

② 土壤污染具有累积性和地域性。污染物质不像在大气和水体中那样容易扩散和挥发，而是在土壤内部不断累积。

③ 土壤污染具有不可逆转性和长期性。重金属对土壤的污染基本上是一个不可逆转的过程，许多有机化学物质的污染也需要较长的时间才能被降解，污染一旦发生，如果仅切断传染源很难阻止污染的扩散，即使经过长期的自然作用也很难回到污染前的水平。

④ 土壤污染具有难治理性。土壤污染中的难降解污染物很难靠稀释作用和自净化作用来消除。土壤污染一旦发生，必须采取有效的技术才能恢复，有时要通过换土、淋洗土壤等方法才能解决问题，其治理技术可能见效较慢。

2）土壤污染的危害

① 土壤污染导致植物的质量下降，对食品安全有影响。我国大多数城镇的土壤环境都受到了不同程度的污染，造成了许多地方粮食、蔬菜、水果等食物中铬、砷、铅等重金属含量严重超标。

② 土壤污染对人体健康水平有影响。土壤污染会使污染物在植物内积累，并通过食

物链富集到人体和动物体中，危害人类和动物的健康，引发许多不常见或难以治愈的疾病。

③ 土壤污染对其他环境因素有影响。土地受到污染后，浓度较高的污染表土容易在风力和水力的作用下分别进入到大气和水体中，导致大气污染、地表水污染（如水体富营养化等）、地下水污染和生态系统退化等其他次生生态环境问题。事实越来越表明，没有清洁的土壤，也就不可能有干净的食品、水质和空气。

3.1.3 水文

1. 概念

水文学是研究存在于地球大气层中和地球表面以及地壳内水的各种现象的发生和发展规律及其内在联系的学科，包括各种水体的存在、运动、循环和分布，水体的物理、化学性质，以及水体与环境（包括与生物，特别是人类）的相互作用和影响[11]，是关于地球上水的起源、存在、分布、循环、运动等变化规律，以及运用这些规律为人类服务的知识体系。

2. 特征

1）水文的综合性

一方面是地区空间和时间尺度都很小，其水文要素的响应过程十分敏感；另一方面是生态环境的改变十分显著。在研究水文过程中，必须打破水文工作中一些传统的分界线，如水量和水质、地表水文和地下水文、市区水文和流域水文等的分科界限。水文工作往往把这些内容综合在一起，很难划分。水文观测和实验的站网布设、测验手段、仪器设备、测验方法等，都必须充分考虑上述各方面的要求，这就是水文的综合特性。

2）水文的动态性

城市人口和物质的高度集中，加以近年来科学技术高度发展，相关学者监测到水环境发生了异常迅速的变化。一个自然流域的演变是缓慢的，一般以地质年代为长度，可将其水文过程作为"准平稳过程"来研究，在解决各种实际问题时都是针对某一稳定的水平进行研究，并认为整个环境处在相对平衡状态。而城乡发展是一个不断发展的过程，水和环境都处在"动态"之中，分析研究城区的径流量、水质及雨洪径流过程都要考虑这种动态过程。城市与乡村相比（图 3-2），城市降雨具有滞后时间短、峰值高、沉降快、基流低等特征。

3）我国的水文特征

我国水资源匮乏，地区分布极不均衡，年内年际变化大。我国水资源总量并不少，但全国亩均水量约为 1 800 m³，是世界平均数的 3/4；人均占有量 2 630 m³，仅为世界人均数的 1/4，水资源与人口、耕地分布极不均衡。水资源在年内和年际分布不均，年际上存在连续枯水年和连续丰水年，年内分布则呈现的是夏季和秋季降雨较多，冬季和春季降雨较少的态势。水资源在空间上分布也不均，南部地区和东部地区较多，而北部

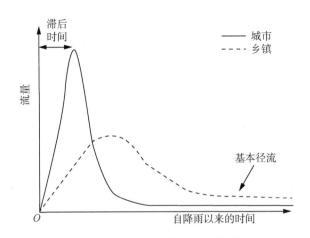

图 3-2 城市和乡村水文示意图

资料来源：Paris K M. Ecology of urban environments ［M］. ［S. l.］：Wiley-Blackwell，2016.

地区和西部地区较少。每天约有 1 亿吨水通过水循环的蒸发作用从海洋表面蒸发使地球表面的水资源有所减少（图 3-3）。

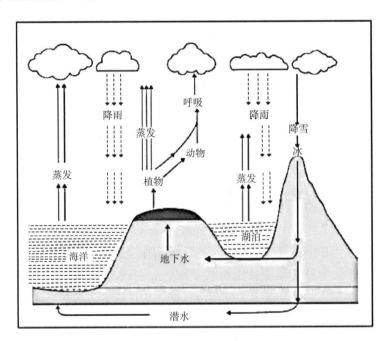

图 3-3 水循环

资料来源：Basu M. Fundamentals of environmental studies ［M］. Cambridge：Cambridge University Press，2016.

3. 水文问题的影响

水文问题是人类与其生存环境之间在进行发展的过程中出现的发展与生态环境不平衡的表现，造成了人类生存的环境质量明显下降，由于水资源的过度开发导致地面下降、地下水资源枯竭、江河断流等，且城市污水、工业废水的大量排放严重污染了天然淡水资源，加剧了可用水资源的短缺，还对这一地区其他气候、土壤、生物及其他生态因子产生影响。

1) 人口集中的地区，水资源贫乏问题日益严重

随着城镇化速度的加快，用水量将大幅度增加，而且，城镇废水及排污量增加，水污染加重了供水矛盾，污染导致了水质变坏，使得城镇中可供人民使用的淡水资源越来越少。

2) 全世界用水情况将迅速增加

世界各地用水量差别很大，发达国家工业用水占40%以上，而发展中国家仅占10%左右。在发展中国家里，随着工业生产的增长，其用水量不断增加，市民生活用水（包括饮用水、家用水、卫生用水）随着生活水平的提高也将迅速增加。

3) 中国用水成倍增长

城市生活用水和工业及农业用水量成倍增长，缺水已成为当前影响经济发展和人民生活的突出问题。特别是北方一些城市，如北京、天津、青岛、大连等城市，水荒已限制了城市发展，其他中小城市也都或多或少的出现供水问题。甚至一些邻近大江河、水源充沛的上海、广州、温州等城市也因水污染而相继出现水源危机。为了保证城乡居民的正常生产和生活，不得不采取一些措施，如修建一些蓄水工程、引水工程等。

4) 城镇防洪问题将更加突出

2021年，河南省发生的极端天气带来严重灾情。作为一个承担着庞大人口、经济、文化、政治需求的集中体，现代城镇的职能呈现出多元化和深入化的发展趋势，这对城镇的基础设施的建设提出更高的要求。

目前，城镇的防洪排涝体系建设与管理过程中，普遍存在着地表径流不正确引导、排水疏导设施老化失修、排水管网系统规划不合理、排水管道设计规格偏低、防洪细节设计不完善等问题，给城市防洪造成困境。针对这些问题，本章提出了一些解决措施：

① 不断完善城镇洪涝管理机制。有效提升城镇防洪抗涝能力的根本举措在于完善防洪抗涝相关管理机制，在各项工作中统筹协调城镇管理与建设、水文水利、市政等多个政府部门，加强信息沟通与交流合作，明确各职能机构的管理内容与责权，并不定期举行联合演习，确保应对城镇洪涝灾害的处理能力。高效的城镇防洪抗涝应从两方面着手：一方面，要加快建立城镇监测预警信息管理平台，促进各职能部门对灾害天气预警信息整合与交流，实现高效化的多部门数据共享；另一方面，城镇应对灾情的联合应急处理能力也应有效提升，并积极利用共享的信息平台，实现相关数据信息的有效化利用。例如，在相关气象与水文数据达到警戒水平时，气象部门及时发布灾情预警信息，市政、城市建设与管理以及水利部门依据实际的灾害情况制定科学化、合理化的应急处理方案，强化对重点区域进行的监测并及时更新相关数据，针对城镇内高危险性区域进行快速的人员疏散与财产转移，将灾害性天气对城市损失降到最小。此外，优化城镇的排水管道是提高城镇防洪能力的重要基础保障。

② 增强防洪意识。首先，应该逐步完善有关防洪排涝的立法工作，依照有关法律

法规进行防洪排涝，加强群众的防洪排涝意识。对此，可以开展居民的相关知识的普及教育，树立防洪自救意识。同时，一些有条件的高校等可以对防洪相关的课题进行研究，全方位地提高城市的防洪救灾水平。

③ 对城镇防洪排涝加大资金投入，科学、合理地配置相关设施。城镇防洪排涝工作有很多环节，其中相应的基础设施是重要的组成部分。各大城市必须确保当地的防洪排涝有关基础设施和城镇的整体规划相配套，因此要将大量的资金投入其中，在确保防洪排涝系统的基础措施配置合理的同时，还要加强其防洪排涝工程配置。为了科学应对暴雨洪涝灾害，还要依据当地的防洪计划与实际防洪情况来进行可行性防洪预案的制定。

3.1.4 生物

1. 概念

生物包括城乡动物、植物、微生物等。城乡动物指栖息和生存在城市或者乡村地区的动物，大多是原地区残存下的野生动物，或是从外部迁徙进入城乡的野生动物，或是通过人工驯养和引进的动物。因此，可以称栖息和生存在城市和乡村地区的动物为城乡动物；而把与人类共同在城乡环境中生存而不依赖人类喂养、自己觅食的动物称为城乡野生动物。城乡野生动物含原地区残存下来的野生动物和从外部迁徙进入城市或者乡村的野生动物。城市化的进程改变了城市环境，也改变了城市动物的生境。特别是人类对自然资源的不合理开发和利用，工业化快速发展带来的环境污染问题使城乡动物区系有意识或无意识地发生了变化[12]。人类与生物相互作用的机制受人类影响比较大（图3-4）。

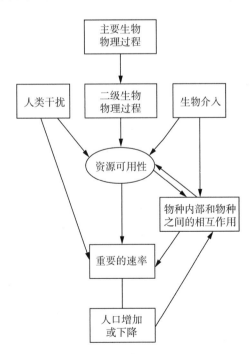

图3-4　人类与生物相互作用示意图

资料来源：Paris K M. Ecology of urban environments [M]. [S. l.]: Wiley-Blackwell, 2016.

植被是指覆盖在地表上的所有的植物种类，包括自然种类和人工栽培种类。植被是生态系统中唯一的初级生产者，具有重要的自净、美化景观、丰富城镇建筑轮廓线、提供休闲娱乐和防灾避难场所等作用。

微生物是生态系统的分解者，包括真菌、细菌、病毒等。它们是最不引人注目而又对城乡的生存与发展至关重要的组分。历史上有些城市的衰败，就是细菌、病毒等恶性蔓延而导致瘟疫流行所致。当然，微生物中也有许多有益的种类，它们能够对生产和生活活动中所排出的大量废物进行还原净化，促进新陈代谢和居民与自然的和谐。例如，空气微生物是生态系统重要的生物组成部分，它是空气中细菌、霉菌和放线菌等有生命的活体，空气微生物主要来源于自然界的土壤、水体、动植物和人类，此外污水处理、动物饲养、发酵过程和农业活动等也是空气微生物的重要来源。已知存在空气中的细菌及放线菌有1 200种，真菌有40 000种，它们不仅具有极其重要的生态系统功能，还与城市空气污染、城市环境质量和人类健康密切相关。

2. 生物面临的危害

1）多样性下降

排除人类圈养的野生动物，生态系统中的动物的种类与城镇中人造物程度呈负相关性。人为大肆引入外来动植物会造成物种入侵，对该区域的生态系统的稳定性带来了极大的威胁，生物的多样性受到严重的影响。栖息地的破坏、隔离效应、食源的短缺等原因会导致一些本地物种消失，生物多样性受人类活动影响较大。人口增加，技术使用增加，经济活动增加，社会、政治和文化因素是造成生物多样性下降的间接原因；过度开采、土地使用改变、侵入性物种增多、气候变化、污染是造成生物多样性下降的直接原因（图3-5）。间接原因和直接原因相互作用使生物种类越来越少。

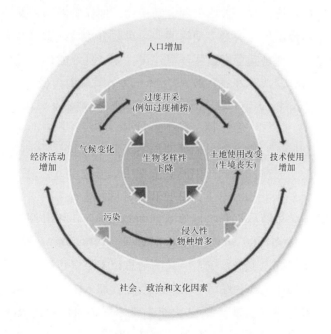

图3-5 生物多样性下降示意图

资料来源：Hassenzahl D M, Hager M C, Gift N Y, et al. Environment［M］. 10th ed. New York：Wiley, 2016.

2）结构简化和功能退化

随着城镇化的快速发展，生物的特征主要体现为结构逐渐简化、稳定性下降。主要包括两方面的原因：一方面，城镇高度化的环境由于隔离效应导致了一些动物的迁徙、繁殖等活动受阻，以及导致一些植物的传粉、种子传播受限，使一些物种在城镇区域内逐渐消失；另一方面，外来物种的入侵侵占了本土物种的生态位，进一步改变了城镇的物种结构。城镇植物群落受人为影响较大，群落结构相对简单，具有较高同质性，常具有相似的植物群落等特征。

3. 生物多样性保护

城乡规划时应注重生物多样性的合理规划，生物多样性的保护离不开科学合理的规划设计。在宏观尺度下，从城镇整体空间格局出发统筹规划，有利于构建起生物多样性的空间结构基础。同时，城镇生态空间的规划还须与更大尺度的区域生态安全格局相融合和衔接。在城镇化过程中，无序扩张蔓延的城乡建设用地不断侵占生态空间，对城镇生物多样性保护及可持续发展均会造成严重威胁。编制城市国土空间规划，科学划定城镇的"三区三线"，限制无序城镇化、预留和保护城镇生态空间是从宏观尺度保护城镇生物多样性的重要举措。

保护生物多样性的最有效途径是就地保护，主要方式是建立自然保护区、建设物种资源库。此外，可在不影响生物物种种群及其自然栖息地的情况下，对一些受外在因素影响的重要物种以及一些重点保护物种和具有重要经济、文化、科研价值的物种采取措施，如进行迁地保护，建立和完善珍稀濒危动植物迁地保护网络，保护生物资源。

动物园和水族馆建设是保护野生动物的一个重要方法，须做好布局合理性、资源和技术力量的匹配论证。动物园等应加强环境建设，创造良好的动物栖息环境和人类游览环境，加强技术队伍建设，搞好科普教育工作。从全国范围内做好饲养动物谱系管理，确定饲养繁育的重点保护动物，全国协作攻关，使动物园成为移地保护野生动物的基地。

3.1.5 信息

1. 概念

狭义的信息技术是与信息的生产、传输、分析、挖掘和利用等相关的技术，尤其指信息与通信技术（Information and Communication Technology，ICT），并且狭义信息技术大都以信息产业领域为主要领域。广义的信息技术不仅包括信息通信技术、信息产业，而且从信息产业延伸到社会经济中的其他产业，加入了新的元素，体现了信息技术向不同领域延伸和渗透的过程[13]。信息功能主要体现在对信息的处理，往往输入的是分散、无序的信息，输出的是有序、有效的信息。信息流量的大小反映了城乡的发展水平和现代化程度，城乡信息的融合发展能很大程度上缩小城乡差距，实现城乡信息资源共享，优化城乡产业结构，对推进城乡社会经济高质量发展具有重大意义。

2. 信息的特点

1）易用性

易用性对推广来说最重要，是帮助客户成功应用的首要因素。一套信息软件功能再强大，但如果不易用，用户会产生抵触情绪，很难向下推广。

2）鲁棒性

鲁棒性表现为信息软件能提供支撑并增加用户数，支持大量的数据，使用多年以后速度、性能不会受到影响。

3）平台化、灵活性、拓展性

通过自定义平台，可以实现条件不统一前提下，通过应用人员就可以搭建功能模块，从而实现信息系统的自我成长。同时通过门户自定义、知识平台自定义、工作流程自定义、数据库自定义、模块自定义，可以让人们对城乡信息系统的利用率大大加强。

4）移动性

信息化平台嵌入手机，使用户通过手机也可以随时随地进行使用信息化服务。

5）网络性

网络技术是电子信息技术的载体，也是电子信息技术在应用过程中能够加快信息处理速度的主要原因。目前，利用网络性可以收集到更为广泛的数据，最终所形成的数据结果也更加真实、准确，进行数据处理的过程中，其处理效果能够得到提升。

6）数字性

数字性是指信息或者是数据传输，利用计算机技术以及网络能够在最短时间内快速且全面地获取更多的有效信息。这种性质能够对所收集到的信息在最短的时间内进行信息的筛选、信息的处理。通过对信息的处理，可以为人们提供更加准确的数字信息。

3. 功能

1）信息查询、下载功能

查询功能是信息基础核心功能，人们可以通过大数据查询经济社会发展的相关信息，比如政府政策方针、人才需求状况、土地流转情况、生态建设情况、农产品供给信息、城乡医疗卫生机构设置情况、生态建设情况等。通过信息查询，人们可以及时了解相关信息，并且可以通过一定的方式进行下载保存。

2）提高政府公共管理的效率，优化社会环境功能

随着市场经济的发展、社会范围的扩大、人口频繁的流动，社会对政府公共管理的公正和效率提出了新的要求。信息化作为社会资源整合具有简明、便利和快捷的特点，并且由于系统的开放性特点，范围不断延伸至社会生活的各个方面领域。这样就形成政府和公众和社会中各个领域联系的纽带，从而最大限度地提高政府管理的效率、优化社会环境。

3）促进经济快速发展功能

信息能够加快用信息技术改造提升传统产业发展的步伐。信息化带动工业化、工业化带动城市化，在工业化过程中实现信息化跨越式发展，使信息化发挥优势完成工业化的发展，促进社会经济的快速发展。信息化系统的建造，加快了社会的网络化与数字化的融合，开启了以网络应用为核心的信息应用时代。

4）加快建立健全生态环保的功能

通过信息的快速发展，能更广泛地宣传环保知识，提高公众的环保意识，增强环保队伍的凝聚力；有利于保障人民群众的环境知情权、参与权和监督权，把改善环境的迫切愿望转化为参与环境管理的自觉行动中去；有利于促进企业遵纪守法，调动社会各方面力量，共同推动环境保护。

4. 信息技术的影响

1）信息技术会更加趋向全球化、梯次化

当前，科学技术以及科技形式发生了很大的变化，相应地带动了经济的发展和社会的进步。如今，信息技术的发展趋向于成熟，信息技术在未来的发展中更加面向全球化和梯次化。全球化也使信息技术的发展和影响范围更加广泛，有利于增进世界各国之间的文化、经济、科技的交流，各国之间的关系也就会更加密切[14]。梯次化就是指信息技术种类更加细致，会更加符合相关行业的要求和目标。在全球化和梯次化的信息技术的影响下，我国要不断提升自身的实力，提升信息技术的水平和能力，以更好地适应社会发展的变化，适应经济全球化的变化。

2）信息技术会更加趋向于产业化、集群化

现如今，信息技术的应用范围虽然已经十分广泛，但是对于产业集群不强或是产业规模较小的行业来说，信息技术的应用还是有些欠缺。因此，未来会针对一些信息技术应用较弱的行业进行技术改进，以更好地完善信息技术，使得信息技术在未来发展中更加注重产业化和集群化发展。信息技术会在现阶段的要求下不断完善，提高数据处理的速度以满足各项发展的要求。

3）信息技术会更加趋向于多媒体化、智能化

多媒体化是指影音、图像等的相互结合，而电子信息技术未来的发展方向会更加倾向于多媒体化，是因为多媒体化能够更加直观和清晰地向人们展示数据和信息[15]。

3.2 城乡生态与环境要素调研

3.2.1 构成原则

1. 生态性原则

生态性原则是指每一项调研要素都和其他的各种要素之间相关联。以生态环境为例来讨论，在一般的规划中，气候是一项被单列的要素，严重温室效应被认为是对人类的身体健康构成的一种直接威胁，对应的规划须控制有害气体的排放，降低其浓度，此外，还需要考虑与气候相关的各种复杂因子，包括降雨、湿度等，温室效应的产生是上述诸多因子在特定条件下相互叠加及相互作用的结果。所以生态与环境要素调研要掌握各种要素之间的相互关系，必须对调查区域范围内的有关生态与环境要素的关系进行大量的资料收集和整理，还必须注意调研的顺序和信息收集的顺序。

2. 科学性原则

科学性原则指调研要素设置应反映生态与环境的科学内涵。科学性是众多原则中最基本的组成部分，这样才能掌握生态与环境的本质特征，为城乡生态环境的可持续性作铺垫。科学精准地设置调研任务，其目标是将构成生态与环境的各部分要素的发展情况，通过定量、定性的方式描述其发展特征，并分级方法进行分类评价。通过这些要素来揭示生态与环境的发展程度，以便解决现有的问题和更好、更快地实现城乡生态的可持续发展。

3. 系统性原则

系统性原则指把调研要素的各部分作为一个整体，反映生态环境的主要特征。调研要素中的每一个要素都能独立地反映生态环境的某一方面或不同层面的状态和水平。调研要素中各个要素的设置须相对独立，又互相联系，共同构成一个有机的整体。

4. 针对性原则

针对性原则是指对调研中要素的选择应针对城乡生态与环境的特点，真实地反映生态发展的综合水平，从而使调查结果具有真实性、可靠性。此外，还要特别考虑我国的地区分布不均、差异大的情况，针对不同地区有目的地进行调查，使得调研符合所在区域的实际情况。

3.2.2 调研角度

1. 宏观角度

从宏观角度来看，生态与环境调查是在大尺度范围内，对某一区域的生态环境资源、人口以及社会经济发展状况、各种生态现象与生态过程等进行全面了解、获取信息、核实验证的一种方法和手段。

根据生态与环境的评价结果，按不同地区的生态环境特点分别分析生态环境调研的主要问题、现状特征和发展方向，从而从宏观角度确定区域生态与环境的保护、改善和发展的具体方案。主要内容包括构成因素的适宜性分析、城乡生态与环境的恢复能力分析、生态系统的抗干扰或抗退化能力分析、生态系统开放性与稳定性分析（是否与周边区域的生态环境要素相联系）等。

2. 微观角度

在进行城乡生态与环境要素的调研中，微观角度就是具体要调研的各个部分，如对调研区域进行气候、水文、土壤等方面的调研。

第一，针对气候环境的调研和改善，应观测所在区域的温度、湿度、降雨等情况，通过不断减少二氧化硫、可吸入颗粒物以及控制汽车尾气排放等方式来减缓大气污染，进而调节气候环境。增加城区内绿化带面积，达到持续净化区域内大气环境的目的，减缓城市热岛效应。机动车排放的尾气也应纳入气候污染治理的措施中去，配合政府已制定的相关管理办法对污染排放超标的车辆进行治理。

第二，水文包括地表水和地下水。随着近年来工业等企业的迅速发展以及人口数量的增多等现实情况，河流被大量生活和工业废水所污染的现象已经出现并持续加重，使得地表水和地下水的水源都受到影响。针对生活污水，可加快污水处理厂的建设，提高污水处理能力，同时提高对居民节水和环保意识的宣传教育等。针对工业废水污染物排放问题的解决，须从污染的源头治理出发，包括限期整改和暂停关闭有问题企业，政府及相关环保部门严把项目批准环节，尤其对那些对环境有重大影响的企业。通过以上措施改善水文质量。

3.2.3　调研阶段

按照城乡生态与环境调查的过程和具体任务的不同，城乡生态与环境调查的程序大致可以分为四个阶段，即准备阶段、调查阶段、研究阶段和总结阶段[16]。

1. 准备阶段

准备阶段是城乡生态与环境调查的决策阶段，是城乡生态与环境调查工作的起点。准备阶段工作完善程度，直接影响下面一系列调查的效果。具体来说，这个阶段的主要任务包括选择调查研究课题，进行初步探索，提出研究假设，设计调查方案，以及组建调查队伍等。其中，正确选择调查研究课题是搞好调查工作的重要前提，认真进行初步探索、明确提出研究假设是做好设计和调查工作的必要条件，科学设计调查方案是调查工作成功的关键，慎重组建调查队伍则是顺利完成调查任务的组织保证。

1）组织准备

成立调查领导协调小组和调查小组。调查领导协调小组由相关主管部门的有关人员组成；调查小组（通常分为多个小组）由生态环境调查承担单位或部门有关工作人员组成；调查队员要分别具有与资源、生态环境、经济、人文社会科学等相关的较为全面的专业素养，具有完成全部调查任务的实际能力。

2）技术准备

技术准备包括制定调查实施方案、调查技术培训以及调查工具与资料准备。调查实施方案应包括调查区域、调查对象、调查方法、要求、人员配备、工作部署、进度安排，以及所需设备、器材、经费和预期成果等内容。然后根据调查实施方案对所有参加调查的队员进行技术培训，以统一思想、调查方法、技术标准等，以确保调查结果的科学性与可比性。

2. 调查阶段

调查阶段是指按照调查设计的具体要求，采取适当的方法做好现场调查工作。这一阶段必须做好外部协调和内部协调工作。

1）外部协调

外部协调主要包含两个方面：一是紧紧依靠被调查地区或单位的组织，努力争取他们的支持和帮助，尽可能在不影响或少影响他们正常工作的前提下，合理安排调查任务和调查工作进程；二是密切联系被调查地区人员，努力争取他们的理解和合作，要学会尽可能与被调查者交朋友，决不做损害他们利益或感情的事情，决不介入他们的内部矛盾，并在可能的情况下给予他们必要的帮助。

2）内部协调

内部协调主要是指在调查阶段的初期，应帮助其他调查人员尽快打开工作局面，注重调查人员的实战训练和调查工作的质量。在调查阶段的中期，应注意及时总结交流调查工作经验，及时发现和解决调查中出现的新情况、新问题，并采取有力措施促进后进单位或薄弱环节的工作，促进调查工作的平衡发展。在调查阶段的后期，应鼓励调查人员坚持把工作继续完成，对调查数据的质量进行严格检查和初步整理，以利于及时发现问题和做好补充调查工作。调查阶段是获取大量第一手资料的关键阶段，由于调查人员接触面广、工作量大、情况复杂、变化迅速，所以这一阶段的实际问题多，也是调研中最困难的一个阶段。

3. 研究阶段

研究阶段是调查的深化、提高阶段，是从感性认识向理性认识转化的阶段。这一阶段的任务主要包括审查资料、统计分析和理论分析。

1）审查资料

审查资料是指对调查的文字数据、数字数据和图片等进行全面复核，区别真假和精粗，消除资料中存在的假、错现象，以保证资料的真实、准确和完整；整理资料是指对资料进行初步加工，使之条理化、系统化，并以集中、简明的方式反映调查对象的总体状况。

2）统计分析

统计分析是指运用统计学的原理和方法来研究社会现象的数量关系，借助电子计算机和统计软件等处理数据，揭示事物的发展规模、水平、结构和比例，说明事物的发展方向和速度等，为进一步理论分析提供准确、系统的数据。

3）理论分析

理论分析就是运用形式逻辑和辩证逻辑的思维方法，以及城乡规划的科学理论和方法，对审查、整理后的文字数据和统计分析后的资料进行分析研究，得出理论性结论。

4. 总结阶段

总结阶段是调查的最后阶段，是调查工作最终成果的形成阶段。总结阶段的主要任务是撰写调查报告、评估和总结调查工作。调查报告是调查研究成果的集中体现，是对调查对象质量及其成果的重要总结。调查工作的评估、总结包括调查报告的评估、调查工作的总结、调查成果的应用等。总结阶段是社会调查工作服务于社会的阶段，对于深化对社会的认识、展示社会调查的成果、发挥社会调查的社会价值、提高调查研究者社会调查研究的水平和能力等都具有重要意义。

总之，调查的四个阶段（图3-6）是相互联系、相互交错在一起的，它们共同构成了调查活动的完整工作过程，舍去任何一个阶段，社会调查工作都将无法顺利进行。当然，由于人们的认识行为遵循"实践认识—再实践—再认识"的形式循环往复前进，故而城乡空间社会调查也应该遵循"调查—研究—再调查—再研究"这样反复循环的过程[16-17]。

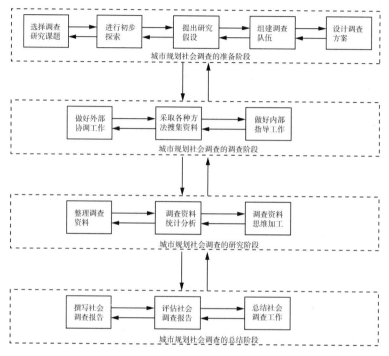

图 3-6 城市规划社会调查的一般程序

资料来源：刘冬. 城乡空间社会综合调查研究 [M]. 北京：北京理工大学出版社，2020.

3.2.4 调研方法

1. 调查文献

文献是人们获取资料的重要途径。通过收集相关文献、摘取有用的信息，可对前人的相关研究成果进行总结和概括，进而掌握气候的特点、土壤和水文的现状与研究的进展。通过对现有资料的阅读、整理、考证，可为自己以后的研究提供前期资料。文献调查贯穿调查工作的始终，是一种独立的调查研究方法，应以大量的资料为支撑科学地选取调研地点。

2. 问卷调查

问卷调查法又称问卷法。问卷就是社会组织为一定的调查研究目的而统计设计、具有一定的结构和标准化问题的表格，它是调查研究中用来收集资料的一种工具[16]。问卷调查以调研区域内人们为调查对象，探讨调研区域的气候变化、大气环境变化、水资源现状及使用情况等。进行调查前，调查问题要设置得通俗易懂和尊重被调查者的隐私。问卷调查应调查大量的样本，按照不同地区进行抽样调查，使结果更具有真实性和可信性。

问卷是问卷调查中搜索资料的工具，一般由卷首语、问卷说明、问题与回答方式、编码和其他资料五部分组成，具体的问卷调查见附录一。

1）卷首语

卷首语是写给被调查者的自我介绍信，介绍和说明以下内容：调查单位与调查员身份、调查内容、目的和意义，调查对象选取方法与资料保密措施。为了能够引起被调查者的重视和兴趣，争取他们的合作和支持，卷首语的语气应当谦虚、诚恳、平易近人，文字应当简明、通俗易懂。卷首语可与问卷说明一起单独作为一页，也可置于问卷第一页的上方。

（1）调查单位与调查人员身份

卷首语应当明确社会调查活动的主办单位和调查人员的身份，最好能够写明组织单位的地址、电话号码、邮政编码、项目负责人等，从而使被调查者以认真负责的态度参与调查活动，以及提供力所能及的帮助。

（2）调查内容、目的和意义

应当简明地指出社会调查的主要内容、目的和意义，使被调查者清楚认识到调查活动的社会价值。被调查者会获得自身能够参与调查活动的价值意义和荣誉感，也就会积极予以配合，认真完成问卷回答填写工作。

（3）调查对象选取方法与资料保密措施

无论哪一项调查活动，被调查者都会存在或多或少的防范心理。为了消除这种戒心，争取被调查者的合作，要明确地说明调查对象的选取方法和资料的保密措施。

在卷首语结尾处，有时还有致谢与署名，一定要真诚地感谢被调查者的合作与帮助，并署上名称及调查日期。

2）问卷说明

问卷说明是用来指导被调查者科学、统一填写问卷的一组说明，其作用是对填表的方法、要求、注意事项等作出总体说明和安排。问卷说明的语言文字应简单明了、通俗易懂，以使被调查者懂得如何填写问卷为目标。问卷说明也包括对一些重要的、特殊的、复杂的专业术语进行名称解释等。

3）问题与回答方式

问题与回答方式是指问卷调查所要询问的问题、被调查者回答问题的方式以及回答某些问题可以得到的指导和说明等。

4）编码

编码是把问卷中所询问的问题和被调查者的回答，全部转变为 a、b、c、d 等其他代号和数字，以便运用电子计算机对调查问卷进行数据处理和分析。

5）其他资料

其他资料包括问卷名称、被访问者的地址或单位、调查员姓名、调查时间、问卷完成情况、问卷审核人员和审核意见等，也是对问卷进行审核和分析的重要资料和依据。

3. 访谈调查

访谈调查是访问者有计划地通过口头交谈等方式，直接地向被调查者了解有关调查问题。访谈调查的适用范围比较广泛，可以直接地与对方进行交流，更大限度地收集需要的信息，还可以通过被调查者的语言、动作、神态了解到更深层次的信息。访谈调查应虚心请教市民、相关专家、政府相关工作人员，了解当地的情况，并根据情况做出针对性较强的实施方案。

4. 实地调查

实地调查是一种以深入社会现象的生活为背景，采用实地观察和非结构访谈的方式收集资料的过程。实地调查的步骤分为前期的准备阶段、现场调查和整理资料，前期进行资料收集和知识储备，调研的地点要与研究的课题有密切的相关性和方便人们进去考察；进入现场时要获得调研对象所属的有关部门的同意；进入现场后，要选取具有代表性的研究对象进行调查，实地调查收集资料的方式多样，有观察法、访谈法、收集资料法、投影技术和工艺学记录的方法，通过分析收集到的原始资料得到有用的资料；经过一系列的步骤，得出结论，撰写报告，撰写报告中要详细说明调研的范围、时间、位置、次数等。

例如，在进行河流水文生态环境因素的调研中，选取典型河段，调查分析河段的水质和河段周边环境状况及景观建设情况，通过实地踏勘、测量和拍照，记录河流格局、河流生态状况、河岸植被种类及群落、河流驳岸类型、临水活动场地等。

1）概查

概查是全面大概地摸底调查，为进一步调查确定合理方法与线路。应尽可能利用有关部门的现有资料，以减少工作量。

2）系统调查

系统调查是对拟调查地区及相关地区进行系统调查，加密调查线、点，对生态资源调查区域的规模、要素等进行系统调查。

3）详细调查

详细调查在完成概查、系统调查后，对筛选和初步拟定的调研区域的调查项目进行详查。内容包括资源成因、历史演变、现状、与相关因素的配伍，比较在同类生态资源中的特色所在。同时对调研区域的自然、经济、物资、能源、水源、交通、环境质量等进行调查分析，确定该区社会经济发展和生态保护建设方向和重点项目，提出规划性建议。

4）专业调查

专业调查是对特定对象的调查，如：动植物调查、大气质量调查、水质调查、土壤调查、环境质量综合调查、不同生态的生态与环境调查、环境现象调查、经济发展调查。

5. 网络调查

网络调查是用互联网收集信息的一个渠道。这种调查主要通过从网上发表问卷进行调查或收集网络上有用的信息进行调查，此调查方法省时省力、方便快捷、效率高，广泛运用于调查中，但由于网络上的调查具有不可控制性，可能收集的结果不准确。

3.2.5 调查对象

1. 气候

调查研究区的基本气候状况，如气候地带、降雨量、湿度、温度、空气质量等。例如空气质量指标调查，具体为对空气中的二氧化硫、二氧化氮、一氧化碳浓度及颗粒物浓度进行调查，其中对自然保护区、风景名胜区和其他需要特殊保护的区域采用一级浓度标准，对居住区、商业交通居民混合区、文化区、工业区和农业地区采用二级浓度标准（表3-3和表3-4）。

表3-3　估算模型参考表

参数		取值
城市/乡村选项	城市/乡村	
	人口数	
最高环境温度/℃		
最低环境温度/℃		
土地利用类型		
区域湿度条件		
是否考虑地形	考虑地形	是/否
	地形数据分辨率/m	
是否考虑岸线熏烟	考虑岸线熏烟	是/否
	岸线距离/km	
	岸线方向/°	

资料来源：生态环境部. 环境影响评价技术导则　大气环境：HJ 2.2—2018 [S]. 北京：中国环境科学出版社，2018.

表3-4　环境空气污染物基本项目浓度限值

序号	污染物项目	平均时间	浓度限值		单位
			一级	二级	
1	二氧化硫（SO$_2$）	年平均	20	60	$\mu g/m^3$
		24 小时平均	50	150	
		1 小时平均	150	500	
2	二氧化氮（NO$_2$）	年平均	40	40	
		24 小时平均	80	80	
		1 小时平均	200	200	
3	一氧化碳（CO）	24 小时平均	4	4	mg/m^3
		1 小时平均	10	10	

序号	污染物项目	平均时间	浓度限值		单位
			一级	二级	
4	臭氧（O₃）	日最大8小时平均	100	160	μg/m³
		1小时平均	160	200	
5	颗粒物（粒径小于等于10 μm）	年平均	40	70	
		24小时平均	50	150	
6	颗粒物（粒径小于等于2.5 μm）	年平均	15	35	
		24小时平均	35	75	

资料来源：环境保护部，国家质量监督检验检疫总局. 环境空气质量标准：GB 3095—2012［S］. 北京：中国标准出版社，2012.

2. 水文

根据地表水水域环境功能和保护目标，按功能高低依次划分为五类：①Ⅰ类主要适用于源头水、国家自然保护区；②Ⅱ类主要适用于集中式生活饮用水地表水源地一级保护区、珍稀水生生物栖息地、鱼虾类产卵场、仔稚幼鱼的索饵场等；③Ⅲ类主要适用于集中式生活饮用水地表水源地二级保护区，鱼虾类越冬场、洄游通道，水产养殖区等渔业水域及游泳区；④Ⅳ类主要适用于一般工业用水区及人体非直接接触的娱乐用水区；⑤Ⅴ类主要适用于农业用水区及一般景观要求水域。

对上面五类区域进行调查，通过表3-5的温度计法、玻璃电极法、纳氏试剂比色法、冷原子荧光法等方法对水温、pH、溶解氧、高锰酸盐指数等进行分析，如表3-6所示。

表3-5　地表水环境质量标准基本项目分析方法

序号	基本项目	分析方法	测定下限/（mg·L⁻¹）	方法来源
1	水温	温度计法		GB 13195—91
2	pH	玻璃电极法		GB 6920—86
3	溶解氧	碘量法	0.2	GB 7489—89
		电化学探头法		GB 11913—89
4	高锰酸盐指数		0.5	GB 11892—89
5	化学需氧量	重铬酸盐法	5	GB 11914—89
6	五日生化需氧量	稀释与接种法	2	GB 7488—87
7	氨氮	纳氏试剂比色法	0.05	GB 7479—87
		水杨酸分光光度法	0.01	GB 7481—87
8	总磷	钼酸铵分光光度法	0.01	GB 11893—89

序号	基本项目	分析方法	测定下限 /（mg·L⁻¹）	方法来源
9	总氮	碱性过硫酸钾消解紫外分光光度法	0.05	GB 11894—89
10	铜	2,9-二甲基-1,10-菲啰啉分光光度法	0.06	GB 7473—87
		二乙基二硫代氨基甲酸钠分光光度法	0.010	GB 7474—87
		原子吸收分光光度法（整合萃取法）	0.001	GB 7475—87
11	锌	原子吸收分光光度法	0.05	GB 7475—87
12	氟化物	氟试剂分光光度法	0.05	GB 7483—87
		离子选择电极法	0.05	GB 7484—87
		离子色谱法	0.02	HJ/T84—2001
13	硒	2,3-二氨基萘荧光法	0.000 25	GB 11902—89
		石墨炉原子吸收分光光度法	0.003	GB/T 15505—1995
14	砷	二乙基二硫代氨基甲酸银分光光度法冷原子荧光法	0.007	GB 7485—87
			0.000 06	①
15	汞	冷原子吸收分光光度法	0.000 05	GB 7468—87
		冷原子荧光法	0.000 05	①
16	镉	原子吸收分光光度法（螯合萃取法）	0.001	GB 7475—87
17	铬（六价）	二苯碳酰二肼分光光度法	0.004	GB 7467—87
18	铅	原子吸收分光光度法螯合萃取法	0.01	GB 7475—87
19	总氰化物	异烟酸-吡唑啉酮比色法	0.004	GB 7487—87
		吡啶-巴比妥酸比色法	0.002	
20	挥发酚	蒸馏后4-氨基安替比林分光光度法	0.002	GB 7490—87
21	石油类	红外分光光度法	0.01	GB/T 16488—1996
22	阴离子表面活性剂	亚甲蓝分光光度法	0.05	GB 7494—87
23	硫化物	亚甲基蓝分光光度法	0.005	GB/T 16489—1996
		直接显色分光光度法	0.004	GB/T 17133—1997
24	粪大肠菌群	多管发酵法、滤膜法		①

注：①国家环保局《水和废水监测分析方法》编委会. 水和废水监测分析方法 [M]. 4 版. 北京：中国环境科学出版社，2002.

资料来源：国家环境保护总局，国家质量监督检验检疫总局. 地表水环境质量标准：GB 3838—2002 [S]. 北京：中国环境科学出版社，2002.

表 3-6　地表水环境质量标准基本项目标准限值

序号	项目	分类				
		Ⅰ类	Ⅱ类	Ⅲ类	Ⅳ类	Ⅴ类
1	水温/℃	人为造成的环境水温变化应限制在： 周平均最大温升≤1 周平均最大温降≤2				
2	pH	6～9				
3	溶解氧/（mg·L^{-1}） ≥	饱和率90%（或7.5）	6	5	3	2
4	高锰酸盐指数/（mg·L^{-1}） ≤	2	4	6	10	15
5	化学需氧量（COD）/（mg·L^{-1}） ≤	15	15	20	30	40
6	五日生化需氧量/（mg·L^{-1}）（BOD$_5$） ≤	3	3	4	6	10
7	氨氮（NH$_3$-N）/（mg·L^{-1}） ≤	0.15	0.5	1.0	1.5	2.0
8	总磷（以P计）/（mg·L^{-1}） ≤	0.02（湖、库0.01）	0.1（湖、库0.025）	0.2（湖、库0.05）	0.3（湖、库0.1）	0.4（湖、库0.2）
9	总氮（湖、库以N计）/（mg·L^{-1}） ≤	0.2	0.5	1.0	1.5	2.0
10	铜/（mg·L^{-1}） ≤	0.01	1.0	1.0	1.0	1.0
11	锌/（mg·L^{-1}） ≤	0.05	1.0	1.0	2.0	2.0
12	氟化物（以F$^-$计）/（mg·L^{-1}） ≤	1.0	1.0	1.0	1.5	1.5
13	硒/（mg·L^{-1}） ≤	0.01	0.01	0.01	0.02	0.02
14	砷/（mg·L^{-1}） ≤	0.05	0.05	0.05	0.1	0.1
15	汞/（mg·L^{-1}） ≤	0.00005	0.00005	0.0001	0.001	0.001
16	镉/（mg·L^{-1}） ≤	0.001	0.005	0.005	0.005	0.01
17	铬（六价）/（mg·L^{-1}） ≤	0.01	0.05	0.05	0.05	0.1
18	铅/（mg·L^{-1}） ≤	0.01	0.01	0.05	0.05	0.1
19	氰化物/（mg·L^{-1}） ≤	0.005	0.05	0.02	0.2	0.2
20	挥发酚/（mg·L^{-1}） ≤	0.002	0.002	0.005	0.01	0.1
21	石油类/（mg·L^{-1}） ≤	0.05	0.05	0.05	0.5	1.0

序号	项目	分类				
			Ⅰ类	Ⅱ类	Ⅲ类	Ⅳ类	Ⅴ类
22	阴离子表面活性剂 / (mg·L⁻¹)	≤	0.2	0.2	0.2	0.3	0.3
23	硫化物 / (mg·L⁻¹)	≤	0.05	0.1	0.2	0.5	1.0
24	粪大肠菌群 / (个·L⁻¹)	≤	200	2 000	10 000	20 000	40 000

资料来源：国家环境保护总局，国家质量监督检验检疫总局. 地表水环境质量标准：GB 3838—2002［S］. 北京：中国环境科学出版社，2002.

3. 土壤

对建设用地中的土壤进行 0～20 cm 深度的剖面土样检测调查，用筛选值和管制值两类分析数据进行分析。其中一类用地包括居住用地、公共管理与公共服务用地中的中小学用地、医疗卫生用地、社会福利设施用地、公园绿地中的社区公园或儿童公园用地等；二类用地包括工业用地、物流仓储用地、商业服务业设施用地、道路与交通设施用地、公用设施用地、公共管理与公共服务用地（A33、A5、A6 除外），以及绿地与广场用地（G1 中的社区公园或儿童公园用地除外）等。筛选值指在特定土地利用方式下，建设用地土壤中污染物含量等于或者低于该值的，对人体健康的风险可以忽略；超过该值的，对人体健康可能存在风险，应当开展进一步的详细调查和风险评估，确定具体污染范围和风险水平。管制值指在特定土地利用方式下，建设用地土壤中污染物含量超过该值的，对人体健康通常存在不可接受风险，应当采取风险管控或修复措施。具体检测的内容如表 3-7 所示。

表 3-7　建设用地土壤污染风险筛选值和管制值　　　　单位：mg/kg

序号	污染物项目	CAS①编号	筛选值		管制值	
			一类用地	二类用地	一类用地	二类用地
重金属和无机物						
1	锑	7440-36-0	20	180	40	360
2	铍	7440-41-7	15	29	98	290
3	钴	7440-48-4	20①	70①	90	350
4	甲基汞	22967-92-6	5.0	45	10	120
5	钒	7440-62-2	165①	752	330	1 500
6	氰化物	57-12-5	22	135	44	270

序号	污染物项目	CAS[①]编号	筛选值		管制值	
			一类用地	二类用地	一类用地	二类用地
挥发性有机物						
7	一溴二氯甲烷	75-27-4	0.29	1.2	2.9	12
8	溴仿	75-25-2	32	103	320	1 030
9	二溴氯甲烷	124-48-1	9.3	33	93	330
10	1，2-二溴乙烷	106-93-4	0.07	0.24	0.7	2.4
半挥发性有机物						
11	六氯环戊二烯	77-47-4	1.1	5.2	2.3	10
12	2，4-二硝基甲苯	121-14-2	1.8	5.2	18	52
13	2，4-二氯酚	120-83-2	117	843	234	1 690
14	2，4，6-三氯酚	88-06-2	39	137	78	560
15	2，4-二硝基酚	51-28-5	78	562	156	1 130
16	五氯酚	87-86-5	1.1	2.7	12	27
17	邻苯二甲酸二（2-乙基己基）酯	117-81-7	42	121	420	1 210
18	邻苯二甲酸丁基苄酯	85-68-7	312	900	3 120	9 000
19	邻苯二甲酸二正辛酯	117-84-0	390	2 812	800	5 700
20	3，3'-二氯联苯胺	91-94-1	1.3	3.6	13	36
有机农药类						
21	阿特拉津	1912-24-9	2.6	7.4	26	74
22	氯丹[②]	12789-03-6	2.0	6.2	20	62
23	p，p'-滴滴滴	72-54-8	2.5	7.1	25	71
24	p，p'-滴滴伊	72-55-9	2.0	7.0	20	70
25	滴滴涕[③]	50-29-3	2.0	6.7	21	67
26	敌敌畏	62-73-7	1.8	5.0	18	50
27	乐果	60-51-5	86	619	170	1 240
28	硫丹[④]	115-29-7	234	1 687	470	3 400
29	七氯	76-44-8	0.13	0.37	1.3	3.7
30	α-六六六	319-84-6	0.09	0.3	0.9	3
31	β-六六六	319-85-7	0.32	0.92	3.2	9.2
32	γ-六六六	58-89-9	0.62	1.9	6.2	19

序号	污染物项目	CAS①编号	筛选值		管制值	
			一类用地	二类用地	一类用地	二类用地
有机农药类						
33	六氯苯	118-74-1	0.33	1	3.3	10
34	灭蚁灵	2385-85-5	0.03	0.09	0.3	0.9
多氯联苯、多溴联苯和二噁英类						
35	多氯联苯（总量）⑤	—	0.14	0.38	1.4	3.8
36	3，3′，4，4′，5-五氯联苯（PCB 126）	57465-28-8	4×10^{-5}	1×10^{-4}	4×10^{-4}	1×10^{-3}
37	3，3′，4，4′，5，5′-六氯联苯（PCB 169）	32774-16-6	1×10^{-4}	4×10^{-4}	1×10^{-3}	4×10^{-3}
38	二噁英类（总毒性当量）	—	1×10^{-5}	4×10^{-5}	1×10^{-4}	4×10^{-4}
39	多溴联苯（总量）	—	0.02	0.06	0.2	0.6
石油烃类						
40	石油烃（C10-C40）	—	826	4 500	5 000	9 000

注：具体地块土壤中污染物检测含量超过筛选值，但等于或者低于土壤环境背景值水平的，不纳入污染地块管理。

①CAS 是指物质数字识别号码。

② 氯丹为 α-氯丹、γ-氯丹两种物质含量总和。

③ 滴滴涕为 o，p′-滴滴涕、p，p′-滴滴涕两种物质含量总和。

④ 硫丹为 α-硫丹、β-硫丹两种物质含量总和。

⑤ 多氯联苯（总量）为 PCB77、PCB81、PCB105、PCB114、PCB118、PCB123、PCB126、PCB156、PCB157、PCB167、PCB169、PCB189 十二种物质含量总和。

资料来源：生态环境部，国家市场监督管理总局. 土壤环境质量 建设用地土壤污染风险管控标准：GB 36600—2018 [S]. 北京：中国标准出版社，2018.

4. 生物

对生物资源采用样方调查法分析，其中植物乔木层的调查内容包括树种种名、胸径、树高、林分郁闭度、树木的生长情况（正常、受伤、断伤、倒木和死亡）等；灌木层的调查内容包括种名、树高、株数、盖度、基径（3 cm 处）等；草本层的调查内容包括种名、高度、株数、盖度等。对生物的调查分析包括生物的种类、生存环境、生存特征等。

5. 信息

调查信息系统网络的完善程度、连接度、便捷性和公开度等。

3.3 城乡生态与环境质量评估

生态环境质量是影响城市宜居水平的一项重要内容，良好的区域生态环境是实现地方社会经济可持续发展的根本性基础条件，区域生态环境要素组成、环境容量、开发历史和社会经济现状直接影响着生态环境。随着城镇化进程的不断加快，城市生态环境问题日益突出，已经影响到城市经济发展和市民生活质量。对城市生态环境质量评估，了解生态环境状况掌握其变化规律，不仅有利于促进区域经济可持续发展，而且对于城市生态文明建设具有重要的现实意义和参考价值。

3.3.1 基本概念

1. 概念阐述

环境质量是表示环境本质属性的一个抽象概念，是环境状态品质优劣的表示，一般包括自然环境质量和社会环境质量。自然环境质量包括物理、化学、生物的质量，社会环境质量包括经济、社会、文化、美学等人文社会状况方面的质量。

环境质量评价是按照一定的环境标准和技术方法，确定、说明和预测一定区域范围内人类活动对人体健康、生态系统与环境质量的影响程度。简而言之，环境质量评价就是对环境素质优劣的定量评述。这种定量评述往往以国家规定的环境标准或污染物在环境中的本底值作为依据，将环境素质的优劣转化为定量的可比数值，最终以表明环境受污染的程度。

2. 生态环境质量评价类型

生态环境的层次性、复杂性和多变性决定了对其质量进行评价的难度。由于不同时期生态系统出现的问题不同，人们对生态系统的认识程度也不同，因此，反映在人们观念意识中的生态环境质量也就不同，基于此基础之上的生态环境质量评价也就不同。从生态环境质量评价的类型来看，主要包括如表3-8所示的分类。

表3-8 生态环境质量评价的类型

评价类型	类别	内容
按（自然）环境要素分	单要素评价	大气环境质量评价，水环境质量评价（地表水环境质量评价、地下水环境质量评价），声环境质量评价，土壤环境质量评价，生物环境质量评价，生态环境质量评价等
	多要素评价	两个或两个以上环境要素同时进行的评价
	综合评价	在单元素评价的基础上对其他所有的要素都进行评价
	其他	还有一些按社会环境要素进行的评价，如对人口、经济、文化、美学的等评价

评价类型	类别	内容
按评价参数分	卫生学评价	
	生态学评价	
	污染物评价	化学污染物、生物学污染物
	物理学评价	声学、光学、电磁学、热力学等
	地质学评价	
	经济学评价	
	美学评价	
按评价区域分生态系统健康评价	城市环境质量评价	
	农村环境质量评价	
	流域环境质量评价	
	风景旅游区环境质量评价	
	自然保护区环境质量评价	
	海洋环境质量评价	
	工矿区环境质量	
按评价时间分类	回顾性评价	对过去环境的评价
	现状评价	对目前环境的评价
	预断评价或环境影响评价	对今后环境的评价（环境评价的重点）

资料来源：作者自绘

3. 环境质量评价的意义

环境保护与可持续发展时下已越来越受到人们的关注，成为许多国家高度重视的课题。城市生态环境的优劣不仅关系到生态功能的稳定，更影响着城市的可持续发展。改革开放以来，我国经济迅速发展，取得了较大的成绩，伴随而来的则是城市化进程的加快。然而由于城市的不断扩张，出现了一系列诸如城市人口爆炸式增长、交通拥挤、城市超负荷运转、水资源短缺、城市生态系统整体脆弱等的生态环境问题。

在环境保护与经济发展面临矛盾的情况下，人们认识到可持续发展的重要性，生态环境建设与保护及相应的学术研究也应运而生。如何定量地说明城市生态环境现状及发展趋势，科学地评价城市生态环境质量，正逐渐成为人们关注的课题。城市生态环境质量评价的目的在于协调城市发展与环境保护的关系，通过对城市的生态环境质量进行评价，可以判断当地环境质量的优劣，认识环境质量价值的高低，确定环境质量与人类生存发展需要的关系，保证建设项目的选址和布局的合理性，同时提出环保措施，并评价环保措施的技术经济可行性，为工程的污染治理提供依据。

同时，环境质量评价还提供有关城市的环境状况的历史、现状和发展各个时期变化趋势等方面的信息，是制定城市环境规划和城市经济社会发展计划的基础，对未来城市的生态环境建设与保护工作具有重要的指导意义[18]。

3.3.2 生态环境质量评价的内容、方法与程序

1. 环境质量评价的内容

环境质量评价主要包括以下内容：

① 了解所研究区域的自然、社会环境基本状况；

② 污染源调查、分析、评价；

③ 评估环境质量现状和发展趋势；

④ 分析污染对生态和人类健康的影响和危害程度；

⑤ 运用系统分析和综合的方法，提出对区域环境质量变化、发展趋势的意见及改善环境质量的对策和建议。

2. 环境质量评价的方法

1）指数评价法

指数评价法是最早被使用的方法。

（1）环境质量指数的基本形式

环境质量指数的基本形式如公式（3-1）所示：

$$P = \frac{C}{S} \tag{3-1}$$

式中，P 为环境质量指数；C 为该污染物在环境中的浓度；S 为该污染物对环境影响程度的某一数值或标准。

如果环境中存在多种污染物且相互没有激励或抑制，则环境质量指数可以用各污染物质量指数的和来表示：

$$P = \frac{C_1}{S_1} + \frac{C_2}{S_2} + \cdots + \frac{C_n}{S_n} = \sum \frac{C_i}{S_i} \tag{3-2}$$

如发生化学反应可乘以修正因子 K_i。

（2）环境质量指数的作用

环境质量指数的作用包括：①对区域环境质量进行分级，对不同区域、不同时期的环境质量进行比较；②可为专家评价法提供客观的量化依据；③可作为环境评价标准的替代形式，进行信息交流；④将大量的环境质量数据归纳为少数数据的环境质量指数形式，提高了环境质量评价方法的可比性。

（3）环境质量指数的评价内容

指数评价法首先需要收集整理数据和资料，包括环境背景资料、污染源资料和环境监测数据，其次，确定评价的环境要素和评价因子。对于现状评价，选择监测污染物浓度较高的要素及因子；对于影响评价，选择工程项目实施后影响较大的环境要素和因

子；对于区域评价，要综合各种要素和因子。评价指数要选用常规的指数，综合方法包括算数平均法、加权平均法以及加权平均兼顾极值法。

2）专家评价法

（1）专家评价法概念

专家评价法是将专家们作为索取信息的对象，组织环境领域或多个领域的专家，运用专业方面的知识和经验对环境质量进行评价的方法。

（2）特点

专家评价法的特点是可对难以量化的因素，如社会政治因素、美学因素等给予考虑和评估，有时在没有充分资料情况下，作出定性和定量的估计。

（3）专家评价法的步骤

专家评价法一般评价步骤如图 3-7 所示。

3. 环境质量评价的指标

至今，生态环境质量评价体系尚未统一，不同的评价体系对应的评价指标也不尽相同。通过阅读相关文献，发现国内学术界已有相关研究从不同角度建立城市生态环境质量评价指标体系，都在相关领域获得了成效。

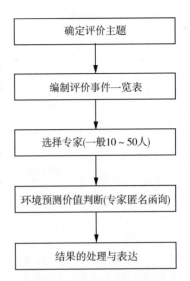

图 3-7 一般评价步骤流程
资料来源：作者自绘

纪芙蓉等学者运用"压力—状态—响应"的指标框架模型来建立西安市生态质量评价指标体系，从人口结构、自然资源、经济现状、资源配置、环境保障等方面对西安市近十年的生态环境质量作出客观评价[19]（表 3-9）。

表 3-9　西安市城市生态环境质量评价指标体系

目标层	要素层	项目层	指标层
城市生态环境质量	生态环境压力	人口结构	人口总量、人口密度、人口自然增长率、万人高等学历数
		自然资源	耕地面积、全年总供水量、全年总供电量
		社会结构	城镇居民人均可支配收入、农民纯收入、人均居住面积
城市生态环境质量	城市生态现状	经济现状	国内生产总值、全社会固定资产投资、全社会消费零售总额
		环境现状	城市园林绿地总面积、公共绿地面积、废水排放总量、废气排放总量、工业固体废物产量
		社会现状	道路总长度、道路总面积、高等院校在校学生数量、电话机总数、图书馆藏书数
	社会经济响应	资源配置	每千人病床数、每万人公交车拥有量、人均绿地面积、人均道路面积、用气普及率、职工平均工资
		环境保障	污水处理率、第三产业生产总值

资料来源：纪芙蓉，赵先贵，朱艳. 西安城市生态环境质量评价体系研究 [J]. 干旱区资源与环境，2011，25（10）：48-51.

学者朱蕾通过建立"自然子系统—经济子系统—社会子系统"三个准则层，从自然资源、污染排放、污染控制、物质减量与循环、城市绿化、产业结构等十几个要素层来对扬州市的生态环境质量进行评价[18]（表3-10）。

表3-10　扬州市生态环境质量评价指标体系

目标层	准则层	要素层	指标层	标号	单位	属性
城市生态环境	自然子系统（$X_{自然}$）	自然资源	人均水资源量	X_1	m²/人	＋
			人均耕地面积	X_2	亩/人	＋
		污染排放	SO₂排放强度	X_3	kg/万元GDP	－
			COD排放强度	X_4	kg/万元GDP	－
		污染控制	污水处理率	X_5	%	＋
			工业废水排放达标率	X_6	%	＋
		物质减量与循环	工业固体废物综合利用率	X_7	%	＋
		城市绿化	人均公共绿地面积	X_8	m²	＋
			建成区绿化覆盖率	X_9	%	＋
	经济子系统（$X_{自然}$）	产业结构	第三产业占比重	X_{10}	%	＋
			财政收入占GDP比例	X_{11}	%	＋
		经济发展	人均GDP	X_{12}	元	＋
			GDP增长率	X_{13}	%	＋
			城乡收入比	X_{14}	以乡为1	－
			单位GDP能耗	X_{15}	吨标准煤/万元	－
		可持续发展	环保投资占GDP的比重	X_{16}	%	＋
			经济活动经费占GDP的比重	X_{17}	%	＋
城市生态环境	社会子系统（$X_{自然}$）	人口因素	人口密度	X_{18}	人/km²	－
			人口自然增长率	X_{19}	%	－
		基础设施	城镇居民人均住房建筑面积	X_{20}	m²	＋
			人均拥有道路面积	X_{21}	m²	＋
			万人拥有病床数	X_{22}	张	＋
		生活水平	城镇恩格尔系数	X_{23}	%	－
			年末城镇登记失业	X_{24}	%	－
		科教文化	万人高等学校在校学生数	X_{25}	人/万人	＋

注：GDP指国内生产总值。"＋"表示正向指标，"—"表示负向指标。
资料来源：朱蕾. 基于主成分分析法的扬州市生态环境质量评价［D］. 扬州：扬州大学，2013.

城乡生态与环境规划

3.3.3 生态环境质量评价的标准

1. 环境标准体系

1）环境标准的概念

环境标准是为了保护生态环境和人体健康、改善环境质量、有效地控制污染源排放，以获取最佳的经济和环境效益，由政府制定的强制性的环境保护技术法规。它是环境保护立法的一部分，是环境评价工作的基础。

2）环境标准体系的组成部分

（1）环境质量标准

环境质量标准是为保护人群健康、社会物质财富和维持生态平衡，对一定时间和空间中的有害物质和因素的容许浓度所作的规定。主要有大气环境质量标准、水环境质量标准等。

（2）污染物排放标准

污染物排放标准是国家（地方、行业）为实现环境质量标准，结合技术经济条件和环境特点，对污染源向环境排放的污染物的浓度和数量所作的限量的规定。有大气污染物排放标准、污水排放标准、恶臭排放标准等。

（3）环境保护基础标准

环境保护基础标准是对各类名词术语、指南、代号、标准编排方法、导则等所作的规定。

（4）环境保护方法标准

环境保护方法标准是对抽样、分析、实验操作等作的规定。

2. 环境质量标准

1）环境质量标准的制定原则和依据

（1）制定原则

制定原则包括：

① 保证人群的身体健康，使人群不因环境质量的变化受到损害；

② 保障自然生态系统不受破坏；

③与当前的社会经济水平相适应；

④因地制宜，切实可行。

（2）制定依据

制定依据包括：

①环境基准值；

②环境、经济、社会效益的统一；

③环境保护法。

2) 环境质量标准的分级和分类

（1）分级

环境质量标准是根据区域或河流的不同社会功能进行分级的。例如，空气质量标准，分为三级，各针对三类区域（表3-11）。

表3-11 空气质量标准

层级	类别	区域
一级标准	一类区	自然保护区、风景名胜区、疗养地等
二级标准	二类区	居民区、商业区、交通和居民混合区、文化区、农村等
三级标准	三类区	工业区、交通枢纽、交通干线等

资料来源：环境保护部，国家质量监督检验检疫总局. 环境空气质量标准：GB 3095—2012 [S]. 北京：中国环境科学出版社，2002.

（2）分类

例如，地面水环境质量分为五类（表3-12）。

表3-12 水环境质量

标准	区域
Ⅰ类标准	源头水和国家自然保护区
Ⅱ类标准	集中生活饮用水水源地的一级保护区、珍贵鱼类产卵场
Ⅲ类标准	集中生活饮用水水源地的二级保护区、一般鱼类产卵场、游泳区
Ⅳ类标准	一般工业用水区、人体非直接接触的娱乐用水区
Ⅴ类标准	农业用水区和一般景观用水区域

资料来源：国家环境保护总局，国家质量监督检验检疫总局. 地表水环境质量标准：GB 3838—2002 [S]. 北京：中国环境科学出版社，2002.

3. 我国主要的环境标准

我国主要的环境标准如表3-13所示。

表3-13 我国主要的环境标准

环境标准体系		内容
大气环境标准体系		《环境空气质量标准》（GB 3095—2021）
		《乘用车内空气质量评价指南》（GB/T 27630—2011）
		《室内空气质量标准》（GB/T 18883—2002）
水环境标准体系	水环境质量标准	《地表水环境质量标准》（GB 3838—2002）
		《海水水质标准》（GB 3097—1997）
		《渔业水质标准》（GB 11607—89）
		《农田灌溉水质标准》（GB 5084—2021）
		烧碱、聚氯乙烯、氨、肉类加工、钢铁、造纸、纺织染整、石油、船舶等污染物行业排放标准
	基础标准	《水质 词汇 第一部分和第二部分》（GB 6816—86）
		《水质 词汇 第三部分～第七部分》（GB 11915—89）

环境标准体系	内容
声环境质量标准	《声环境质量标准》（GB 3096—2008）
	《声环境功能区划分技术规范》（GB/T 15190—2014）
	《机场周围飞机噪声环境标准》（GB 9660—88）
	《城市区域环境振动标准》（GB 10070—88）
部分其他环境标准	《电磁辐射防护规定》（GB 8702—88）
	《辐射防护规定》（GB 8703—88）
	《工业企业厂界噪声标准》（GB 12348—90）
	《建筑施工场界噪声标准》（GB 12523—90）
	《城市区城环境噪声标准》（GB 3096—93）
	《土壤环境质量标准》（GB 15618—95）

资料来源：作者自绘

3.3.4 环境质量现状评价

1. 评价程序

在评价程序中，应该首先确定评价的对象，评价地区的范围，明确评价目的，并根据评价的目的确定评价的精度。评价对象不同、目的不同，评价地区的范围大小不同，它们所要求的评价精度也就不一样。通常城市评价要求的精度较高，而流域及海域评价的精度要求较低。

2. 环境质量现状评价的内容和方法

1）大气质量评价

（1）主要用于评价大气质量逐日变化的指数

美国于 1976 年 9 月首次公布了污染物标准指数（Pollutant Standard Index，PSI）。PSI 考虑 CO、NO_2、SO_2、氧化剂和颗粒物质五个参数，以及 SO_2 和颗粒物质浓度的乘积（表 3-14）。

表 3-14　污染物标准指数与各污染物浓度的关系及大气质量分级

PSI	大气污染浓度水平	污染物浓度						大气质量分级	对健康的一般影响	要求采取的措施
		颗粒物/24 h/($\mu g \cdot m^{-3}$)	SO_2/24 h/($\mu g \cdot m^{-3}$)	CO/8 h/($\mu g \cdot m^{-3}$)	O_3/1 h/($\mu g \cdot m^{-3}$)	NO_2/1 h/($\mu g \cdot m^{-3}$)	SO_2·颗粒物/1 h/($\mu g \cdot m^{-3}$)			
500	显著危害水平	10 000	2 620	57.5	1 200	3750	490 00	危险	病人和老年人提前死亡,健康人出现不良症状,影响正常活动	全体人群应停留在室内,关闭门窗。所有的人均应尽量减少体力消耗
400	紧急水平	875	2 100	46.0	1 000	3 000	393 000	危险	健康人除出现明显症状和降低运动耐受力外,提前出现某些疾病	老年人和病人应停留在室内避免体力消耗。一般人群应避免户外活动
300	警报水平	625	1 600	34.0	800	2 260	261 000	很不健康	心脏病和肺病患者症状显著加剧,运动耐受力降低,健康人群中普遍出现刺激症状	老年人和心脏病、肺病患者应停留在室内并减少体力活动
200	警戒水平	375	800	17.0	400	1 130	65 000	不健康	易感的人症状有轻度加剧,健康人群出现刺激症状	心脏病和呼吸系统疾病患者应减少体力消耗和户外活动
100	大气质量标准	260	365	10.0	160			中等		
50	大气质量标准50%	75①	80①	5.0	80			良好		
0		0	0	0	0					

资料来源:周其华.环境保护知识大全[M].长春:吉林科学技术出版社,2000.

注:表中空白处于污染物浓度低于警戒水平,不报告此分指数。

①一级标准年平均浓度。

（2）可兼用于评价大气质量长期变化和逐日变化的指数

第一种是白勃考大气污染综合指数。美国白勃考于 1970—1971 年提出大气污染综合指数，它以颗粒物质、氮氧化物、硫氧化物、一氧化碳和氧化剂五项污染物为参数，计算公式如下：

$$PI = PI_{PM} + PI_{SO_2} + PI_{NO_2} + PI_{CO} + PI_{O_3} \tag{3-3}$$

式中：PI——大气污染综合指数；

PI_{PM}——颗粒物污染指数；

PI_{SO_2}——硫氧化物污染指数；

PI_{NO_2}——氮氧化物污染指数；

PI_{CO}——一氧化碳污染指数；

PI_{O_3}——氧化剂（臭氧）污染指数。

第二种是橡树岭大气质量指数。它是由美国原子能委员会橡树岭国立实验室于 1971 年 9 月提出的。它包括五项污染物即 CO、SO_2、NO_2、氧化剂和颗粒物质，计算公式如下：

$$ORAQI = \left[5.7 \sum_{i=1}^{5} \left(\frac{C_i}{S_i} \right) \right]^{1.37} \tag{3-4}$$

式中：$ORAQI$——橡树岭大气质量指数；

C_i——i 污染物 24 h 平均浓度；

S_i——i 污染物的相应大气质量标准。

橡树岭国立实验室按 $ORAQI$ 大小，把大气质量分为六级：<20 为最好；20～39 为好；40～59 为尚好；60～79 为差；80～99 为坏；≥100 为危险。

2）水质量评价

（1）布朗水质评价指数

布朗（R. M. Brown）在 35 种水质参数中，选取 11 种重要水质参数，然后再根据专家的意见，针对每个参数的相对重要性，按公式（3-5）进行加权计算[20]：

$$WQI = \sum_{i=1}^{11} W_i Q_i \tag{3-5}$$

式中：WQI——水质指标；

Q_i——水质参数的质量评分；

W_i——水质参数的权系数。

（2）普拉特（L. Prati）水质指数

1971 年意大利斐拉拉大学卫生研究所普拉特提出的水质指数，将各参数换算的污染指数相加，求其算术平均值[21]。

普拉特按水质指数大小，将水质分为五级：水质指数<1 为水质优良；1～<2 为水

质可用；2～<4 为轻污染；4～8 为污染；>8 为严重污染。

（3）尼梅罗（N. L. Nemerow）水质指数

尼梅罗在其《河流污染的科学分析》一书中所拟定方法的特点是不仅考虑到各种污染物实测含量值与相应的污染物环境标准比值的平均值，而且也考虑了污染物中含量最大的污染物与环境标准的比。

$$P_{ij} = \sqrt{\frac{(\frac{C_t}{L_{ij}})^2_{\max} + (\frac{C_t}{L_{ij}})^2}{2}} \qquad (3\text{-}6)$$

式中：P_{ij}——水质指数；

C_i——水中污染物 i 的实测浓度；

L_{ij}——水中污染物 i 作 j 用途时的水质标准。

（4）罗斯（S. L. Ross）水质指数

罗斯在上述指数系统研究的基础上，对英国克鲁德流域干支流的水质进行了评价。他在常规监测的 12 个参数中，选取了 4 个参数作为计算河水水质指数的指标，并对其分别给以不同的权系数：BOD_5 为 3；氨—氮为 3；悬浮固体物为 2；溶解氧饱和度百分数及浓度各为 1，总权重为 10。

罗斯将河流水质分为 11 个等级（水质指数 0～10）（表 3-15）。河流水质指数为 0 表示质量最差，类似腐败的原生污水；而对天然纯净状态的水，规定河流质量指数为 10[22]。

表 3-15　几种主要参数分级表

悬浮固体		BOD_5		氨-氮		DO（溶解氧）		DO（溶解氧）	
浓度/(mg·L⁻¹)	分级	浓度/(mg·L⁻¹)	分级	浓度/(mg·L⁻¹)	分级	饱和度/$\frac{G}{L}$	分级	浓度/(mg·L⁻¹)	分级
0～10	20	0～2	30	0～0.2	30	>90～105	10	>9	
>10～20	18	>2～4	27	>0.2～0.5	24	>80～90	8	>8～9	10
>20～40	14	>4～6	24	>0.5～1.0	18	>105～120	—	>6～8	8
>40～80	10	>6～10	18	>1.0～2.0	12	>60～80	6	>4～6	6
>80～150	6	>10～15	12	>2.0～5.0	6	>120	—	>1～4	4
180～300	2	>15～25	6	>5.0～10.0	3	>40～60	4	0～1	2
>300	0	>25～30	3	>10.0	0	>10～40	2	—	0
		>50	0	—		0～10	0		

资料来源：方如康．环境学词典［M］．科学出版社，2003.

例如：悬浮固体为 27 mg/L；

BOD_5 为 6.8 mg/L；

DO 为 8.9 mg/L、DO78%饱和度、氨-氮 1.3 mg/L。

根据公式（3-7）：

$$WQI = \frac{\sum 分级值}{\sum 权重值} \tag{3-7}$$

$$WOI = \frac{60}{10} = 6 \tag{3-8}$$

式中：WOI——水质指标

（5）我国用的水质评价方法

目前我国用的水质评价方法是综合污染指数（K）法及水质质量系数（P）法。利用检测水中的酚、氰、砷、汞、铬的含量，计算水质污染的指数大小，以确定水质污染的程度。

综合污染指数（K）是用来表示各种污染物对地表水水质总体污染程度的一种数量指标，其计算方式如下：

$$K = \sum_{i=1}^{n} C_K \frac{C_i}{C_{oi}} \tag{3-9}$$

式中：C_K——根据具体条件规定的地面水各种污染物浓度的统一最高允许标准；

C_{oi}——地面水各种污染物浓度的最高允许标准；

C_i——各种污染物的实测浓度。

根据计算结果：$K \leqslant 0.1$ 定为"未受污染"；$0.1 < K \leqslant 0.2$ 定为轻度污染；$K > 0.2$ 可认为是严重污染。

水质质量系数的基本概念同上，但未用最高统一标准予以校正。其计算方式如下：

$$P = \sum_{i=1}^{n} \frac{C_i}{C_{oi}} \tag{3-10}$$

式中：C_i——各种污染物的实测含量；

C_{oi}——地面水中各种污染物浓度的最高允许标准。

3）环境质量综合评价

北京西郊环境质量综合评价是建立在大气、地面水、地下水和土壤环境质量评价的基础上进行的。采用叠加法，求出环境质量综合指数（$PI_{综合}$），如公式（3-11）所示。

$$PI_{综合} = PI_{地面水} + PI_{地下水} + PI_{大气} + PI_{土壤} \tag{3-11}$$

南京市评价如公式（3-12）所示：

$$PI_{综合} = \frac{1}{n} \sum_{i=1}^{n} W_i PI_{ij} \tag{3-12}$$

式中：j——环境污染要素；

W_i——权重。

根据南京市实例，即：

$$PI_{综合} = 1/4(0.6 \times PI_{大气} + 0.2 \times PI_{噪声} +$$
$$0.1 \times PI_{地面水} + 0.1 \times PI_{地下水}) \qquad (3-13)$$

3.3.5 环境质量影响评价

1. 环境影响评价概述

《中华人民共和国环境影响评价法》（2003 年 9 月 1 日施行）规定：环境影响评价，是指对规划和建设项目实施后可能造成的环境影响进行分析、预测和评估，提出预防或者减轻不良环境影响的对策和措施，进行跟踪监测的方法与制度。法律强制规定环境影响评价为指导人们开发活动的必须行为，成为环境影响评价制度，环境影响评价是贯彻"预防为主"环境保护方针的重要手段。

2. 环境影响评价制度法规化

我国开展建设项目环境影响评价有 20 多年了，它已成为我国最为行之有效的环境保护制度之一。

为了实施可持续发展战略，预防因规划和建设项目实施后对环境造成不良影响，促进经济、社会和环境的协调发展，我国在 2003 年 9 月正式实施了《中华人民共和国环境影响评价法》，把现行单纯对建设项目进行环境影响评价扩大到对发展规划进行环境影响评价，我国的环评制度也将由此向全局性的战略环评方向发展。

3. 环境影响评价的类型

环境影响评价的类型主要包括：

① 建设项目的环境影响评价；

② 区域开发的环境影响评价（规划环评）；

③ 战略环境影响评价。

4. 环境影响评价原则

环境影响评价必须客观、公开、公正，综合考虑规划或者建设项目实施后对各种环境因素及其所构成的生态系统可能造成的影响，为决策提供科学依据。

环境评价一般应在项目的可行性研究阶段介入，实际上相当于项目的环境可行性评估。国家鼓励有关单位、专家和公众以适当方式参与环境影响评价。

5. 环境影响评价的分类管理

分类管理主要面向建设项目的分类名录，如区域开发、石油开采、煤层气开采、制糖、食盐加工、卷烟、造纸、房地产开发等等。

不同规模的建设单位按照规定，组织编制环境影响报告书、环境影响报告表或者填报环境影响登记表，这些均统称环境影响评价文件。

建设单位应当按照下列规定组织编制环境影响报告书、环境影响报告表或者填报环境影响登记表（以下统称环境影响评价文件）：

① 可能造成重大环境影响的，应当编制环境影响报告书，对产生的环境影响进行

全面评价；

② 可能造成轻度环境影响的，应当编制环境影响报告表，对产生的环境影响进行分析或者专项评价；

③ 对环境影响很小、不需要进行环境影响评价的，应当填报环境影响登记表。

6. 环境影响评价机构

为建设项目环境影响评价提供技术服务的机构，应当经国务院环境保护行政主管部门考核审查合格后，颁发资质证书，按照资质证书规定的等级（甲级和乙级）和评价范围，从事环境影响评价服务，并对评价结论负责。

2004 年前的环评人员必须取得原国家环保总局的上岗证。

2004 年后我国逐渐推行环境影响评价工程师职业资格制度。

2005 年 5 月份我国举行了全国第一次统考。考试科目包括《环境影响评价相关法律法规》《环境影响评价技术导则与标准》《环境影响评价技术方法》《环境影响评价案例分析》。

7. 环境影响评价的内容

环评方法涉及的内容很多，但总的原则是依据《环境影响评价技术导则》。

环境影响报告书、报告表和登记表的内容和格式，由国务院环境保护行政主管部门制定。

环境影响报告书应当包括下列内容：

① 建设项目概况；

② 建设项目周围环境现状；

③ 建设项目对环境可能造成影响的分析、预测和评估；

④ 建设项目环境保护措施及其技术、经济论证；

⑤ 建设项目对环境影响的经济损益分析；

⑥ 对建设项目实施环境监测的建议；

⑦ 环境影响评价的结论。

第 4 章
城乡生态与环境空间分析

在新时代背景下，须不断探索适应我国新时期发展特点的城乡生态与环境空间规划，在生态理念指导下针对城乡生态环境面临的现实问题和生态建设的迫切性，将城乡生态系统、城乡环境效应以及乡村人居环境等相关理论与方法应用于城市和乡村的发展规划中，探索城乡土地和空间资源的合理配置，保障城乡生态与环境健康合理有序发展，促进人类发展与自然环境协同共进。

4.1 城乡生态网络评价

4.1.1 绿色基础设施网络评价

绿色基础设施（Green Infrastructure，GI）是在生态网络的基础上发展而来，于 20 世纪 90 年代首次被提出[23]，总体来看囊括的空间类型要素较广，包含自然生态要素、城市公园、人文景观以及城市基础设施等等，涉及国土空间各类土地类型[24]。绿色基础设施不仅在结构类型强调互相连接的网络，强调"内部连接"的重要性，而且更加注重功能的多样性，它并不要求每个组成要素都要具备所有的功能类型，其所注重的是整个绿色基础设施功能类型的多元化，不仅延续了对绿色空间网络生态服务功能的关注，同时更关注绿色空间对城市功能、休闲游憩、历史文化、社会经济等方面，关注人类福祉[25]。

1. 构建方法

根据相关学者的研究与总结，绿色基础设施网络构建的方法主要分为四类：①基于垂直生态过程的分层叠加分析[26]，在传统景观生态学的理念下，对现状土壤、水文、植被、动物等环境要素的适宜性分析，再通过地理信息系统（GIS）对各类要素的空间叠加，选取枢纽，最终构成绿色基础设施的点线面结构[27]。②基于水平生态过程的"斑块—廊道—基质"分析，通过"最小阻力模型"模拟水平运动构建绿色基础设施网络[28]。③利用图论和网络分析作为建立和分析景观连通性的有效工具[29]。将生态环境中现有的栖息地和物种扩散简化为"节点"和图论中的"链接"，构建不同复杂性和连通性的网络拓扑结构，通过评估不同网络结构的连通性，选择连接度高、成本低的优化方案，形成节点及其互相连接形成的绿色基础设施网络。④基于几何形态学理论的"形态空间模式分析"（MSPA）[30]，将绿色基础设施要素提取为"前景"，其他元素作为"后景"。通过二值化图像光栅化，"前景"可以分为七种形态结构元素，包括桥、环、分支、边缘、穿孔和核心，基于MSPA的"中心"和"桥梁"建立绿色基础设施网络。

以上四种确定绿色基础设施要素和模式的方法都存在一定的共同之处：①识别出研究区域内可以用作"枢纽"和"廊道"的潜在要素，并通过进一步构建形成相互连接的网络；②通过分析从潜在因素中选择最合适的"枢纽"和"廊道"，通过适宜性分析形成GI网络；③相互连接的GI网络主要以结构连接的形式为主。四种不同的分析方法对现有生态供应系统分析具有一定的优势，能较好地对现有的绿色空间、绿色资源和生态过程进行结构评价，但对绿色基础设施的多功能性关注较少，且过分强调生态系统的供给作用，很少关注城市对生态系统服务的真实需求[31]。

2. 构建思路

绿色基础设施为城市提供各种生态系统服务功能，保障城市生态安全，提供着"生命支持服务"。但在城市化进程中，城市空间不但向外扩展到周边农村等自然空间，而且也在内部侵蚀城市内的非建设用地，城市发展带来的空间占用严重影响着现有绿色基础设施的结构、功能和配置，绿色基础设施功能逐渐弱化、结构逐渐失衡。结合研究区域的资源现状及绿色基础设施功能弱化和结构失衡的挑战，从生物多样性、气候调节、土壤保持、水源涵养、景观游憩、历史文化保护等方面进行绿色基础设施多功能评估，识别网络中心、连接廊道、关键生态节点等生态网络结构要素，划分功能分区以构建绿色基础设施网络即生态网络来适应城市精明增长，最终提出研究区域绿色基础设施网络实施的措施与建议。目的是通过功能融合来实现绿色基础设施的多功能效益，通过结构调整来平衡城市绿色基础设施网络的空间结构，通过耦合功能与结构来构建城市绿色基础设施网络。

3. 模型构建

1）构建流程

针对城市绿色基础设施功能弱化和结构失衡的调整，如何通过功能融合和结构调整来构建城市绿色基础设施网络？为了回答这个问题，建构基于多功能评估的城市绿色基础设施网络构建模型。第一，基于人类需求角度下选取绿色基础设施功能；第二，通过功能评估总结出研究区域绿色基础设施功能的空间聚类特征、功能相关性特征以及空间重要性等级特征；第三，综合绿色基础设施多功能评估结果，通过对结构要素的重新识别来调整网络结构，通过构建网络分区来促进功能融合；最终耦合功能分区与网络结构来构建城市绿色基础设施网络（图4-1）。

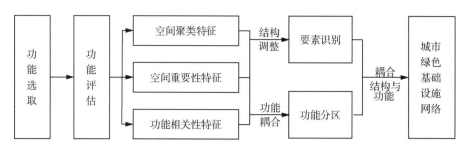

图 4-1　城市绿色基础设施网络构建流程图

资料来源：程帆. 基于多功能评估的城市绿色基础设施网络构建：以安庆市为例［D］. 合肥：安徽建筑大学，2019.

2）功能选取

城市绿色基础设施功能（生态系统服务功能）评估是一项复杂的综合研究，往往涉及多项功能指标的取舍问题，然而由于生态系统提供的服务功能之间存在着错综复杂的依存关系，故有针对性地选取功能进行评估一直是生态服务研究中的重点[32]。本节是在城市精明增长的背景下构建城市绿色基础设施网络，将生态系统服务功能与人类需求紧密联系起来，将有利于实现城市绿色基础设施的多功能效益。张彪在 McClelland、Burnham 等人的研究基础上将人类需求与生态系统服务功能联系起来，将人类需求划分为物质需求、安全需求和精神需求 3 个层次[32]。但人类需求在城市发展的不同阶段有所不同，具有动态性，受城市的经济发展水平等各个要素的影响，也影响着绿色基础设施功能演变。基于此，城市绿色基础设施功能评估主要考虑人类安全需求和精神文化需求，模型从城市安全保障和景观文化承载两方面进行评估。

城市安全保障应包括保障大气安全、水安全、土壤安全以及生物安全，具体到评估内容包括气候调节功能、水源涵养功能、土壤保持功能和生物多样性保护功能的评估。居民对城市的精神需求主要体现为对休闲游憩及历史文化场所的需求，故在景观文化承载评估内容上以景观游憩功能评估和历史文化保护功能评估为主。（表 4-1）

表 4-1　基于人类需求的城市绿色基础设施功能选取

人类需求	城市绿色基础设施功能		
安全需求	生态安全保障服务	大气安全	气候调节功能
		水安全	水源涵养功能
		土壤安全	土壤保持功能
		生物安全	生物多样性保护功能
精神文化需求	景观文化承载服务	休闲游憩	景观游憩功能
		文化传承	历史文化保护功能

资料来源：程帆. 基于多功能评估的城市绿色基础设施网络构建：以安庆市为例［D］. 合肥：安徽建筑大学，2019.

3）技术路径

技术路径如图 4-2 所示。

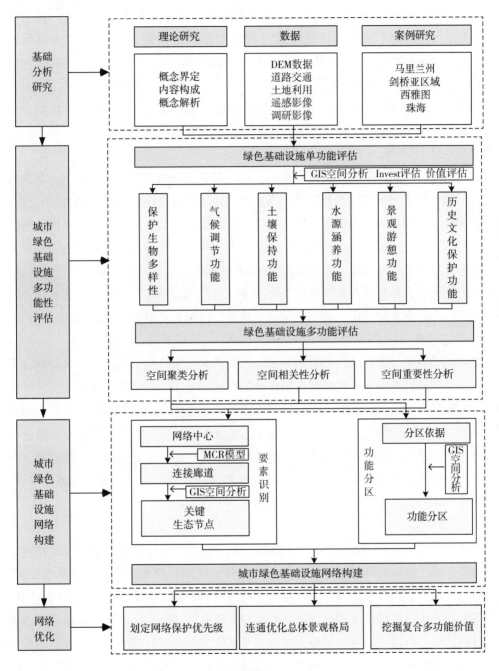

图 4-2　技术路线

注：DEM 为数字高程模型、MCR 为最小累计阻力模型。

资料来源：程帆. 基于多功能评估的城市绿色基础设施网络构建：以安庆市为例 [D]. 合肥：安徽建筑大学，2019.

4.1.2　生态敏感性评价

生态敏感性是指生态系统对人类活动干扰和自然环境变化的反映程度，能够说明发生区域生态环境问题的难易程度和可能性大小，是评价区域生态环境的重要途径[33]。生态敏感性在不同生态环境现状中体现出较大差异，生态敏感性越高说明生态环境越不稳定，区域发生生态环境问题的可能性越大；反之越小。不同区域生态敏感性评价须根据该地实际的生态环境特点、生态问题严重程度，客观科学地划分生态敏感性区域。常用的方法主要包括地图叠加法[34]、数学模型法[35]、单一因子法以及加权叠加法[36-37]等等。

在习近平总书记"绿水青山就是金山银山"等一系列创新理论的指导下，各大城市大力推行国土综合整治与生态修复等一系列研究，加快转变国土资源利用方式，优化城镇建设用地和农用地布局与结构，拓展城市发展新空间，增强城市发展整体性与平衡性。推行国土综合整治与生态修复，主要从生态空间、农业空间以及城镇空间三个方面对其敏感性进行评估与分析，最终推动山水林田湖草整体保护、系统修复、综合治理，实现国土空间要素格局优化，提高社会—经济—自然复合生态系统弹性，达到生态屏障更加完备，水生态更加健康，资源利用更加高效，区域发展更加和谐的目的。

1. 生态空间

依据相关省市及研究区域的规划导则，市域现状生态空间资源的生态风险性评价由生态敏感性评价以及生态干扰性评价加权叠加得到。基于生态风险综合评价分析，结合生态空间格局与生态系统过程，在市域范围内奠定生态安全的宏观格局，对其相应的空间分布通过 ArcGIS 软件多因子加权叠加进行综合分析。其中生态敏感性分析结合研究区域的生态以及地域特征，综合考虑地形地貌、水文资源、生态资源、土地利用、环境污染等生态敏感性要素；生态干扰性分析综合考虑选取道路交通要素、基础设施要素、土地利用要素三类以人类活动为主的生态干扰主要因素。

2. 农业空间

农业空间主要从农用地评估、农村建设用地评估、农用地整治潜力以及农村建设用地整治潜力四个方面对其敏感性进行分析与评价。其中农用地评估从耕地非粮化问题、后备耕地资源、矿山开采毁损农用地规模、耕地质量、基本农田保护压力、耕地图斑破碎度等方面分析；农村建设用地评估从人均村庄建设用地面积、农村宅基地分布等方面进行分析与评估；而农用地整治潜力测算主要从数量潜力和质量潜力两个方面确定农用地整理待整治规模和新增耕地面积，其中数量潜力是指农用地新增耕地面积，质量潜力是指整治后提高的粮食产量；农村建设用地整治潜力是指可整治的农村建设用地规模和通过整治可节约出的农村建设用地空间潜力。

3. 城镇空间

城镇空间主要从城镇建设用地评估及潜力测算两个方面对其敏感性进行分析与评

价。其中城镇建设用地评估主要是从城镇建设用地效率、低效用地分布、空闲地问题等方面分析；而城镇建设用地整治潜力主要包括规模潜力、结构潜力和效益潜力三个方面，主要指通过优化城市功能区布局，合理安排各业用地，有计划地适时推进城市旧城区、城中村改造等工程，提高城市用地建筑密度和容积率，大幅提高城市用地利用率和产出率，节约建设用地指标的潜力。

4.1.3 生态修复评价

生态修复是对退化、受损或完全破坏的单一环境因子或生态系统，通过物理、化学、生物修复等工程技术手段进行人为干预，实现生态系统的健康、完整和可持续发展。生态修复的最终目标是以尽可能低的修复成本，使生态系统尽快地恢复健康，并能够长期、持续地为人类提供产品和服务。

通过实地考察、调查咨询、大数据分析、GIS空间分析等手段，从生态、经济和社会三个方面调研研究区域内公园的空间可持续状况，通过问卷调查分析居民满意度，运用数理模型分析公园建设成效与吸引力，最后提出优化建议，为公园可持续发展和城市生态修复建设提供借鉴（图4-3）。

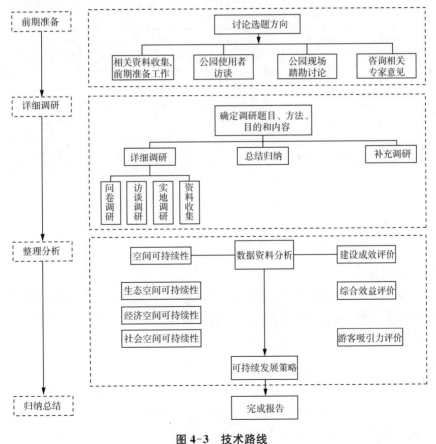

图 4-3 技术路线
资料来源：作者自绘

1. 空间可持续分析

可持续发展的空间持续特征要求人类在生态、经济、社会的发展过程中，注重维护空间系统的平衡、稳定和良性循环发展，除了满足在"时间上的可持续"和"资源优化上的可持续"，还应当满足在"空间持续上的持续"，即从生态空间、社会空间以及经济空间三个方面来分析公园的空间可持续特征。其中生态空间可持续分析一方面注重生态空间的修复如水体修复、植被修复、生物多样性修复等，另一方面积极建设以多级水系、绿色网络为骨架的复合生态系统以塑造内部绿地系统的完整性，最后应采取一系列的技术措施与手段应对采煤塌陷，以促进公园生态可持续性。社会空间可持续性在于增加交通可达性和连通性，同时为游客和周边居民提供活动空间。连续、公共的交通体系是"共享"的社会效益的重要表现之一，用于增强公园的可达性与连通性；公园内部完整的人群使用空间如观赏、娱乐、活动、游览以及消费空间等也能够激发公园的社会效益。经济空间可持续性是在修复建设中往往要利用其独特的优势资源创造经济价值，才能保证采煤沉陷区的修复为城市带来持久的经济效益，这种经济空间的可持续性体现在用地的合理配置、游客与周边经济消费设施的联系等(图4-4)。

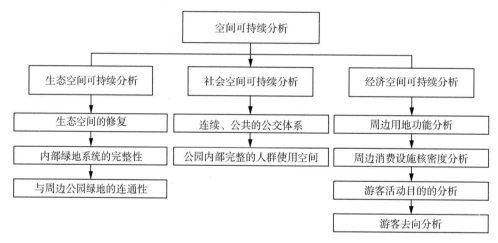

图4-4　空间可持续分析框架图
资料来源：作者自绘

2. 居民满意度分析

通过实地观察、问卷调查以及访谈调查等多种方式对公园使用者及周边居民对于公园游览的体验感、舒适度、游玩目的等方面进行细致调查。目的是了解居民对公园建设成效满意度以及居民对公园内部建设满意度，为研究区域内公园建设成效与吸引力评价做好前期准备工作。

3. 综合效益评价

为了更好地对研究区域内公园空间可持续建设成效进行客观评价，通过可获取的数据，以定性定量为原则，初步确定湿地公园建设成效评价指标体系，构建了3个一级指标和 11 个二级指标的建设评价指标体系,如表 4-2 所示。结合专家咨询和资料查阅,以及湿地公园的建设实际,采用模糊评价方法,建立评价模型为:

$$E = W \cdot R \tag{4-1}$$

式中,E 为建设成效矩阵;W 为评价要素的权重矩阵;R 为各级要素建设成效标准(优、良、中、差和极差 5 个级别)的隶属度矩阵。

将公园空间可持续建设成效评价标准分为优、良、中、差和极差 5 个等级,结合调研情况,确定评价的各级标准,如表 4-3 所示。

表 4-2　湿地公园建设成效评价标准

一级指标	权重	二级指标	层次权重	总权重
生态空间修复	0.533	生物多样性保护	0.396	0.211
		地表水水质	0.298	0.159
		湿地面积变化	0.274	0.146
		水源补给状况	0.015	0.008
		湿地恢复	0.017	0.009
社会成效	0.251	群众保护意识	0.486	0.122
		区域知名度	0.044	0.011
		科学普及、宣传教育	0.470	0.118
经济成效	0.216	旅游人数	0.120	0.026
		收入支出比值	0.269	0.058
		周边带动效应	0.611	0.132

资料来源:作者自绘

表 4-3　湿地公园建设成效评价标准

二级指标	级别				
	优	良	中	差	极差
生物多样性保护	物种种类和数量明显增加	物种种类和数量有一定增加	物种种类和数量略有增加	物种种类和数量没有明显变化	物种种类和数量减少
地表水水质	Ⅰ类	Ⅱ类	Ⅲ类	Ⅳ类	Ⅴ类
湿地面积变化	[10%,100%)	(0,10%)	0	(−10%,0)	(−100%,−10%]
水源补给状况	保证率[70%,100%]	保证率[60%,70%)	保证率[50%,60%)	保证率[40%,50%)	保证率(0,40%]
湿地恢复	方案科学合理,成效好	方案合理,成效较好	方案基本合理,正在实施	方案不合理,实施小部分	无方案,未实施
群众保护意识	强	较强	一般	较差	极差

二级指标	级别				
	优	良	中	差	极差
区域知名度	全国有名	全省有名	全市有名	全县有名	基本无
科普宣教	好	较好	一般	较差	未开展
旅游人数	高	较高	一般	较低	低
收入支出比值	高	较高	一般	较低	低
周边带动效应	好	较好	一般	较差	极差

资料来源：作者自绘

4. 游客吸引力评价

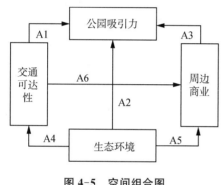

图 4-5　空间组合图

来源：作者自绘

通过预调研以及相关文献分析，生态环境、交通可达性和周边商业是主要影响公园对市民吸引力的因素，将其视为吸引力的变量（图 4-5）。由于存在内生变量，建立变量之间的相互影响因素，分析 A1—A3 公园吸引力与变量之间以及 A4—A6 变量与变量之间的联系。吸引力以及对其有影响的变量难以直接测定，因此针对每个变量设计了多个问题作为因子，以问卷、访谈等形式进行间接测定，问题均采用 Likert 量表进行调查。通过层次分析（AHP）法确定各变量中的权重后，针对问卷收集到的数据，对各变量之间进行相关度拟合分析，并建立回归方程，得出最终公园吸引力的分析评价。

4.2　城乡环境效应评价

4.2.1　热岛效应评价

热岛效应源于 19 世纪初霍华德（Howard）所提出的伦敦市区温度高于郊区温度，并且霍华德在《伦敦气候》一书中首次提出了"Urban Heat Island"的概念，即城市热岛效应（Urban Heat Island Effect，UHI）。城市热岛效应是一种由于城市建筑及人类活动导致热量在城区空间范围内聚集的现象，导致中心温度明显高于四周温度，是城市气候最显著的特征之一。热岛可以改变城市生态系统机构和功能，影响城市的气候、水文、大气环境、能量代谢及居民身体健康等[38]。

1. 相关研究方法

传统的城市热岛研究都是根据气象观测数据而进行的。随着科技的进步，遥感技术为城市热环境研究提供了新的方法，根据遥感影像资料可以对研究区域进行大面积的热岛效应分析。1972 年，Rao 等首次利用遥感技术进行热岛效应的研究[39]。目前，城市热岛效应的研究方法总体可以分为以下三类：

1）传统观测法

传统的观测方法又分为气象站法、定点观测法和流动观测法。

（1）气象站法

气象站法的数据来源是各地固定的气象站的贯彻数据，它的优点是记录了城市热岛逐年连续变化的数据，但这种方法受气象站周围环境的影响很大，同时观测点的变化、观测习惯、测量仪器的误差都会影响观测结果[40]。

（2）定点观测法

定点观测法的主要数据源是人工布置的小尺度气象观测仪器。该方法采用实地观测方法，精度和时效性强，但存在适用范围小、环境影响大、人物力消耗大等局限性[41-42]。

（3）移动观测法

移动观测法的数据来源主要来自车载气象传感设备和便携式设备，在选定的样带上进行流量观测和记录，可以观测到区域环境的变化，能克服定点观测的局限性。然而，不同样带的观测不能同步进行，导致所得数据缺乏可比性[43-44]。

2）遥感反演法

遥感反演法是随着现代遥感技术和地理信息技术的快速发展而逐步形成的，它克服了传统观测方法在时间和空间上的局限性，逐渐成为研究热岛效应的主要方法。遥感反演方法是根据不同波段辐射值的差异，利用热红外传感器对城市地表温度进行大面积观测。由于选用的卫星及传感器不同，其数据类型也不相同，主要包括 NOAA AVHRR、MODIS、ASTER 和 Landsat TM/ETM＋ 数据[45-48]。

3）计算机数值模拟法

计算机数值模拟法的出现得益于计算机技术的发展，基于热力学和动力学的数值模拟技术逐渐成熟。它可以避免传统观测法大量人力物力的消耗，具有系统的输出和可预测的结果，具有较高的空间分辨率，可以弥补传统观测空间分布分辨率的不足[49-50]。

2. 地表温度反演

现阶段的地表温度反演方法中主要有三种算法，分别为：辐射传导方程法（Radiative Transfer Equation）、单窗算法和单通道算法[51]。其中辐射传导方程法虽然计算较为复杂，但反演精度较为准确，精度可达 0.6℃[52]。

本书采用辐射传导方程法进行地表温度反演。辐射传导方程法，又称"大气校正法"。该方法利用与卫星过境时间同步的实测大气数据估算大气对地表热辐射的影响，从卫星传感器观测到的热辐射总量减去上述大气影响，得到地表热辐射强度，最后将热辐射强度转换为地表温度（图4-6）。

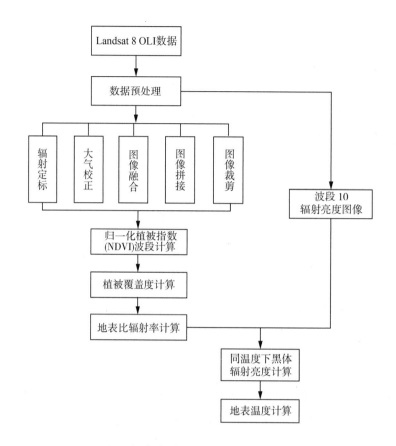

图4-6 辐射传导方程法温度反演步骤

资料来源：钱兆. 合肥市主城区蓝绿空间冷岛效应及空间优化研究［D］. 合肥：安徽建筑大学，2021.

3. 热岛强度计算

热岛强度计算是由热岛强度公式指数得到的，见公式（4-2）：

$$UC\mathrm{II}_i = \frac{1}{n}\sum_1^n T_{\mathrm{crop}} - T_i \qquad (4-2)$$

式中，$UC\mathrm{II}_i$为图像上第i个象元所对应的冷岛强度，n为温度基准区内的有效象元数，T_{crop}为温度基准区的地表温度，T_i是地表温度。为更好地研究蓝绿空间对周边环境的影响，采用研究区内部的平均温度作为基准温度，基准温度为32.34℃。根据计算结果和以往的研究将热岛强度指数划分成7个等级区：强冷岛区、较强冷岛区、弱冷岛区、无冷岛区、弱热岛区、较强热岛区和强热岛区（表4-4）。

表 4-4　冷岛强度分级

分级名称	温度/℃	热岛强度
强冷岛区	≤冷岛区分级	≥冷岛区
较强冷岛区	[27.84，29.84)	(2.5，4.5]
弱冷岛区	[29.84，31.84)	(0.5，2.5]
无冷岛区	[31.84，32.84)	(−0.5，0.5]
弱热岛区	[32.84，34.84)	(−2.5，0.5]
较强热岛区	[34.84，36.84)	(−4.5，2.5]
强热岛区	≥36.84	≤−4.5

资料来源：钱兆. 合肥市主城区蓝绿空间冷岛效应及空间优化研究［D］. 合肥：安徽建筑大学，2021.

4.2.2　微气候评价

近年来，随着城市大规模的开发建设，城市对于区域气候的影响越来越大，相对于大背景气候产生了城市微气候。城市微气候的研究方法和内容局限于通过常规的气象因子观测来研究城市温度、湿度、风速等，此后，越来越多的学者开始了对世界各地的城市气候研究，研究领域扩展到污染物浓度与扩散、热舒适度、建筑能耗等相关领域，研究方法包括现场实测、实验分析、模型模拟研究等。基于实验的分析方法的运用主要分为两种：一种是对城市微气候进行实地观测，将数据作为模型的边界条件进行模型模拟研究；另一种是基于城市微气候实测数据建立回归预测模型分析法。

由于城市建设发展速度较快，中心区建筑密度和人口密度相对较高，微气候评价主要通过城市热环境、城市风环境以及通风潜力等方面分析城市微气候效应的特征，通过构建通风廊道来调节城市微气候、缓解城市热岛效应。城市通风廊道研究重点为中心城区范围，主要是把温度较低的郊区风带入城市，或将市区中的"凉风"送往温度较高的城市中心区域，通过空气交换，降低中心区温度。通风廊道是由大面积水域、与主导风向平行的城市主要道路、集中的城市绿地、广场、非建筑用地及低矮建筑群连接形成，互相连通并有较大的尺度，能有效将局地风引入城区内部，连通补偿空间与作用空间的地区，是空气流通的主要廊道。研究区域内通风廊道规划主要从通风廊道构建与管控两个核心出发，主要研究绿地通风廊道、河道通风廊道、道路通风廊道三类通风廊道，提出"分级构廊道、分区提管控"的研究思路，因地制宜地提出通风廊道系统的构建思路与不同功能区的建设管控要求，从整个城区尺度改善通风环境（图 4-7）。

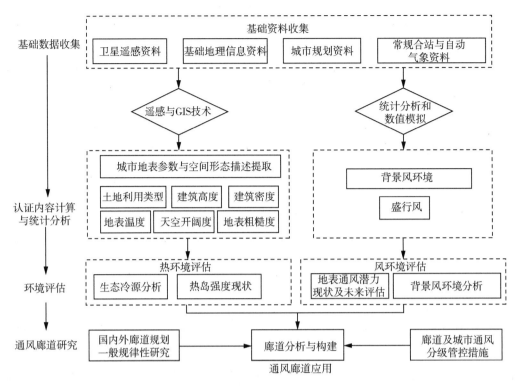

图 4-7　技术路线图

资料来源：作者自绘

1. 风环境评估

从风速、风向、轻风向状况、污染系数以及空气质量情况等多方面对研究区域的风环境状况进行现状分析与评估，可为地表通风潜力的评估做好前提准备工作。

2. 热环境评估

1）生态冷源分析

生态冷源分析即绿源，是指城区或者郊区中有一定面积、能改善气象环境的水体、林地、农田以及城市绿地。本节的通风廊道规划采用卫星遥感提取的土地利用类型和绿量两个指标共同确定绿源等级，并按表 4-5 进行等级划分。根据所选卫星影像季节差异、绿源等级划分标准可适当调整。

表 4-5　绿源等级划分表

绿源等级	绿源含义	土地利用类型	绿量（S）/m²
1 级	强绿源	水体	S≥36 000
2 级	较强绿源	林地或绿地	S≥20 000
3 级	一般绿源	林地或绿地	16 000≤S<20 000

绿源等级	绿源含义	土地利用类型	绿量（S）/m²
4 级	弱绿源	林地或绿地	12 000≤S＜16 000
		农田	S＞12 000

资料来源：作者整理

2）热岛强度现状

在分析国内外城市通风廊道研究进展基础上，基于研究区域内气象资料、卫星遥感资料的多元数据，采用温度差值法来评估城市的热岛强度（图4-8），即在地表温度数据中选取郊区农田的感兴趣区（ROI），在每一期的温度图像中取点位置相同，将这些点的平均温度作为整个图像的平均温度，将每幅图像元值减去每幅图像的平均值得到差值，利用得到的温度差值划分热岛等级（表4-6）。

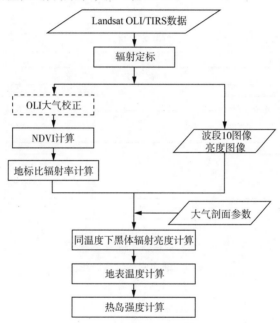

图 4-8　热岛强度计算流程图

资料来源：作者自绘

表 4-6　热岛强度等级划分

热岛强度等级	热岛强度含义	日热岛强度/℃	月、季热岛强度/℃
1 级	强冷岛	≤-7.0	≤-5.0
2 级	较强冷岛	＞-7.0～-5.0	＞-5.0～-3.0
3 级	弱冷岛	＞-5.0～-3.0	＞-3.0～-1.0
4 级	无热岛	＞-3.0～3.0	＞-1.0～1.0
5 级	弱热岛	＞3.0～5.0	＞1.0～3.0

热岛强度等级	热岛强度含义	日热岛强度/℃	月、季热岛强度/℃
6级	较强热岛	>5.0~7.0	>3.0~5.0
7级	强热岛	>7.0	>5.0

资料来源：作者整理

3. 通风潜力评估

通风潜力是指由地表植被、建筑覆盖及天空开阔度确定的空气流通能力。本节基于卫星遥感资料、基础地理信息资料、自动气象资料和相关规划资料，利用遥感与GIS技术、建筑高度和密度估算天空开阔度和地表粗糙度，在此基础上开展地表通风潜力现状及未来评估，利用国内外通风廊道研究一般性规律，开展城市通风廊道研究应用（图4-9）。

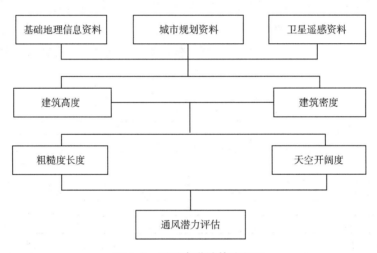

图4-9　通风廊道计算流程图

资料来源：作者自绘

4.3　乡村人居环境评价

乡村人居环境是乡镇、村庄及维护居民活动所需物质和非物质结构的有机结合体，是城乡复合人居环境中不可分割的组成部分，加强乡村人居环境评价研究对早日解决我国"三农"问题、实现乡村可持续发展是十分有意义的。在我国，乡村振兴是新时代"三农"工作的总抓手。以促进乡村全面振兴为目标，梳理现状村庄问题及发展诉求，落实上位规划要求，协调各类空间矛盾，开展"多规合一"实用性的村庄规划编制，形成可实施的"一张蓝图"，可为以后我国开展乡村人居环境整治工作提供参考。

4.3.1 村庄规划

1. 国土空间用途管制分区

在村庄规划编制技术指南的基础上，结合《市县国土空间规划分区用途分类指南》等相关文件要求，划定村庄的"三区三线"，即生态空间、农业空间、城镇空间以及生态红线、永久基本农田、村庄建设边界，并制定用途分区管制规则。严格按用途审批用地，不符合村庄规划确定用途的不得批准建设项目用地，严格控制农用地转为建设用地。通过划定管控边界，落实新增建设用地、盘活闲置宅基地、落实重点项目建设用地，最终进行用地布局整合，形成国土空间用地布局一张图，从而进行土地利用结构调整。

2. 耕地与永久基本农田保护

对生态用地、农用地和建设用地等不同用途土地提出使用规则与管控要求，有条件的可列入准入负面清单。特别是对耕地实行严格的保护制度，如建立严格的耕地保护目标责任制、完善耕地占补平衡机制、提出耕地管控保护措施，严控各类建设用地占用耕地，全面提升耕地质量、提出激励性保护措施，提高耕地保护主动性以及加强耕地质量监测评价工作，等等。

3. 国土综合整治

坚持"流域治理、技术可行、经济合理、环境协调"的原则，以提高土地资源可持续利用能力为根本出发点；坚持发挥规划区生态承载功能，同时兼顾农业生产功能提升的原则；坚持从实际出发，充分与土地利用总体规划、水务规划、农业规划等相关规划相衔接的原则；坚持增加耕地数量与提高耕地质量相结合的原则；坚持"实事求是，因地制宜"的原则，利用现有基础设施条件统筹发展，确保项目在工程技术上可行、经济上合理。

4. 产业发展规划

对第一产业、第二产业、第三产业等不同业态提出不同的产业发展策略。第一产业要从设施农业、有机农业入手做强做优现代农业，如整合农业资源，规模高效发展；规模企业带动、塑造农业特色品牌；多主体参与、多业态打造。第二产业要做精做美农产品加工业，重点偏重农产品加工、养殖等彰显地方特色的产业，如打造生态工厂示范点。第三产业要根据地方特色做好乡村旅游服务业。

5. 公共服务与基础设施规划

以生活提升为目标，从硬件提升和软件提升两个方面对道路交通、邮电通信、防汛设施等基础设施，住宅、生态循环系统、清洁能源系统等生活服务设施，以及商业、文体等服务设施进行查缺补漏，按编制指南和相关导则，结合现有设施完善公共服务设施与基础设施建设，完善设施区域共享度，提升人们生活水平（图4-10）。

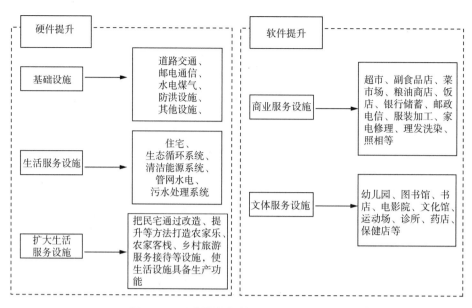

图 4-10　公共服务与基础设施规划要素图

资料来源：作者自绘

4.3.2　全域风貌管控

全域风貌管控主要针对山、水、林、田、园、居、路等"7 大类、24 小类"全域要素进行风貌管控（图 4-11）。其中山林于细微看应林荫茂密、环境优美、生态宜居；于总体看应林海绿涛、山峦耸立、世外桃源。对于水而言，应保护原生水系环境以及河道景观，提升水系景观质量。对于田，保持基本农田指标，丰富一般农田功能性、趣味性和体验性，一、三产联动，发挥田地的经济效益。对于居而言，应注重新旧结合，突出地方特色；加强风貌管控，注重细节引导。应优化路网结构和道路断面，加强道路景观引导，构建多层次乡村旅游慢行休闲道路系统。还应根据位置打造重要节点功能，依托功能梳理空间，按照空间布局景观。

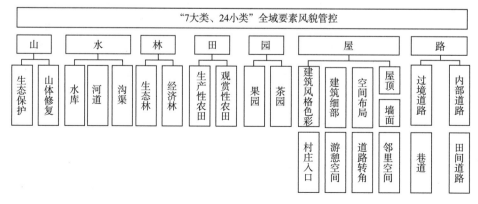

图 4-11　全域风貌指引与管控要素图

资料来源：作者自绘

4.3.3　人居环境指引

　　人居环境整治重点是加强农林生态环境整治，营造大美田园空间，营造乡村道路沿线景观绿化，构建乡村慢行休闲步道网络，整治村庄内部沟渠坑塘，活水绿村，因地制宜配置乡土植物，营造乡村景观绿化环境，规划设计方案从植物绿化、环境设施、地面铺装等方面提出控制引导。

案例篇

第5章
安庆市城市绿色基础设施网络规划

城市绿色基础设施从满足人类宜居需要发展到满足韧性城市需求，其类型也更加全面，功能越来越丰富。在城市化进程不断发展的背景下，提供生态系统服务功能的绿色基础设施已不能满足城市发展过程中城市安全、人类精神日益增长和变化的需求。加强生态系统服务功能、保障城市生态安全已成为人们的迫切需求，加强城市绿色基础设施多功能性以及完善城市绿色基础设施网络已成为增强城市韧性、提升人类福祉的重要途径。

5.1 研究区域概况

安庆市位于安徽省西南部，长江下游北岸，西与湖北交界，南接江西省，西北靠大别山主峰，东南为黄山余脉，市域面积 13 589.99 km²。截至 2017 年末，安庆常住人口 464.3 万人。安庆现为国家级历史文化名城、国家园林城市、国家森林城市、全国文明城市、中国优秀旅游城市。本章将安庆市区作为研究范围，即安庆市城市总体规划确定的规划区范围（图 5-1），总面积约 901 km²，包括大观区、宜秀区、迎江区以及皖河农场。市区境内奇山秀水遍布，历史文化遗迹众多，呈现着背山面水的空间格局，背靠大龙山，面向长江，拥有破罡湖、七里湖、石门湖、石塘湖以及张家菜湖。

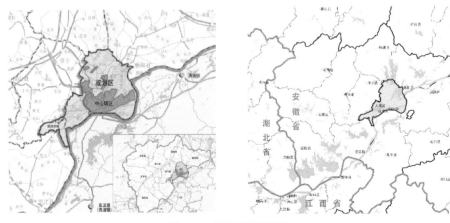

图 5-1 研究区域范围

资料来源：程帆. 基于多功能评估的城市绿色基础设施网络构建：以安庆市为例 [D]. 合肥：安徽建筑大学，2019.

5.2 数据来源与预处理

5.2.1 数据来源

利用的数据包括遥感数据、地形数据、土地利用数据、气象数据、道路交通数据以及安庆市相关规划。具体数据来源见表5-1。

表5-1 数据类型及来源统计表

数据类型	数据来源	数据用途
遥感数据	地理空间数据云 （http：//www．gscloud．cn/)	土地利用提取、归一化植被指数（NDVI）、植被覆盖度计算
地形数据		坡度、高程计算
土地利用数据	安庆市自然资源和规划局	土地利用类型提取
气象数据	中国气象科学数据共享服务网	土壤可蚀性因子计算
道路交通数据	百度地图	生境退化指数计算
相关规划	安庆市自然资源和规划局	其他相关数据的提取（边界、历史文化要素分布等）

资料来源：程帆. 基于多功能评估的城市绿色基础设施网络构建：以安庆市为例［D］. 合肥：安徽建筑大学，2019.

5.2.2 数据预处理

利用 ENVI 5.2 软件对安庆市区 2016 年 Landsat 8 遥感影像数据进行人工解译，提取研究区土地利用数据，并参照安庆市区土地利用现状图和卫星影像数据修正人工解译的土地利用数据，生成 2016 年安庆市土地利用现状图（图5-2）。

5.3 绿色基础设施功能评估

5.3.1 生物多样性保护功能评估

生物多样性保护功能的强弱在外部环境的影响下取决于生物栖息地的质量状况、生物栖息地空间结构的重要性以及与周边环境的关系。生态系统生物多样性服务功能高的地方能为物种提供良好生境，良好的栖息地空间结构是生物多样性保护和维持生态系统稳定性和整体性的关键因素。在综合以往生物多样性保护功能评估方法的基础上，本章分别从景观过程、生态系统服务以及防止生态功能退化三个维度去评价生物多样性保护功能，通过综合生物栖息地的生物多样性服务价值、生境连通性以及生境质量三个指标评估生物多样性保护功能。

生境质量通过 InVEST 模型进行评估，模型中的 Habitat Quality（生境质量）模块

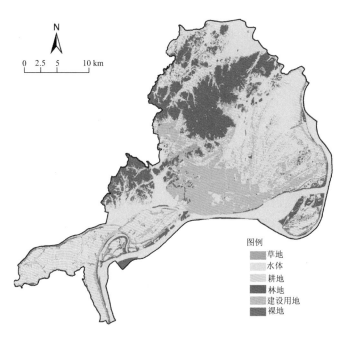

图例
草地
水体
耕地
林地
建设用地
裸地

图 5-2　安庆市土地利用现状图

资料来源：程帆. 基于多功能评估的城市绿色基础设施网络构建：以安庆市为例［D］. 合肥：安徽建筑大学，2019.

通过计算生境退化指数来评估区域生境质量水平。模块主要基于人类活动以及城市增长现状，将土地利用数据与生物多样性威胁性结合起来，通过考虑包括景观类型对外界的敏感性以及外界要素对景观等的威胁强度，评估在威胁性情况下生境的下降弱化程度来反映生境质量。生境连通性通过 ArcGIS 和 Conefor Sensinode 软件计算可能连通性指数（PC）来评估斑块的重要性（dI），反映生境的连通性效应。生态系统服务价值的评估是根据价值当量法评估，通过修正谢高地等制定的生物多样性服务当量表得到 2016 年安徽省生态系统服务价值表，再依据安徽省生态系统服务价值表评估安庆市区各类型用地生物多样性服务价值。

1. 评估方法与原理

1）生境退化指数

生境退化指数反映着对区域内用地类型的敏感度及外界交通、环境对其的威胁程度。模型通过分析生境离威胁因子的距离、对威胁因子的敏感性以及威胁因子的数量来评估生境退化指数。若生境退化指数高则用地栅格受威胁因子的敏感性大，退化程度高，未来受环境影响生境质量下降的可能性大。其计算公式为：

$$D_{xj} = \sum_{r=1}^{R} \sum_{y=1}^{Y_r} \left(\frac{w_r}{\sum_{r=1}^{R} w_r} \right) r_y \, i_{rxy} \, \beta_x \, S_{jr} \tag{5-1}$$

式中，D_{xj} 为生境退化指数，w_r 为威胁因子 r 权重，R 为威胁因子的个数，Y_r 为威胁图层上的栅格个数，r_y 是图层范围内每个栅格的威胁因子的个数，i_{rxy} 为威胁因子 r 对生境的威胁水平，S_{jr} 是用地图层上每个栅格的敏感度大小。

2）生境质量指数

生境质量指数是物种在生境环境下生产条件能力的体现。生境质量取决于一个生境对人类土地利用和土地利用强度的可接近性。一般来说，生境质量的退化看作附近环境威胁强度增加的结果，生境质量指数高反映着该区域生态系统结构稳定，生境质量好；指数低表示区域较容易受外界干扰，生态系统结构不稳定。

$$Q_{xj} = H_j \left[1 - \left(\frac{D_{xj}^z}{D_{xj}^z - k^z} \right) \right] \tag{5-2}$$

式中，Q_{xj} 为生境质量指数，k 为半饱和常数，即为退化度最大值的一半，z 为模型默认参数，H_j 为生境适宜度，D_{xj} 是栅格 x 的生境退化度。

3）可能连通性指数

$$I_{PC} = \frac{\sum\limits_{i=0}^{n} \sum\limits_{j=0}^{n} a_i \cdot a_j \cdot P_{ij}}{A_L^2} \tag{5-3}$$

式中，I_{PC} 为可能连通性指数，n 表示生境总数，a_i 和 a_j 分别表示生境斑块 i 和生境斑块 j 的面积，A_L 是研究区域的总面积，P_{ij} 是物种在生境斑块 i 和生境斑块 j 直接扩散的概率。

4）斑块的重要值

$$dI = \frac{I - I_{remove}}{I} \times 100\% \tag{5-4}$$

式中，dI 为斑块的重要值，I 表示景观中所有斑块的整体指数值，I_{remove} 是去除单个斑块后剩余生境斑块的整体指数值。

2. 数据获取及处理

1）威胁因子

通过生境栅格与威胁因子之间的距离计算威胁因子所带来的影响强度，在 InVEST 模型中有线性或指数距离衰减函数来描述威胁因子在空间上的衰减关系。根据相关研究模型具体参数设置见表 5-2，公式表达如下：

$$i_{rxy} = 1 - \left(\frac{d_{xy}}{d_{rmax}} \right)，线性（linear） \tag{5-5}$$

$$i_{rxy} = \exp \left[- \left(\frac{2.99}{d_{rmax}} \right) d_{xy} \right]，指数（exponential） \tag{5-6}$$

式中，d_{xy} 是栅格 x 和 y 之间的线性距离；d_{rmax} 是威胁因子 r 的最大作用距离。

表 5-2　威胁因子及威胁强度参数表

THREAT	MAX_DIST	WEIGHT	DECAY
gd	2	1	线性（linear）
sd	1	0.7	线性（linear）
gs	1	0.5	线性（linear）
xd	0.5	0.5	线性（linear）
jmd	4	0.7	指数（exponential）
nt	0.5	0.5	指数（exponential）
gy	1	1	指数（exponential）

注：gd 为国道；sd 为省道；gs 为高速及铁路；xd 为县道；jmd 为居民点；nt 为农田；gy 为工业。THREAT 为威胁因子，MAX_DIST 为每一威胁因子对生境完整性的影响距离（km）；WEIGHT 为每一种威胁因子对生境完整性的影响与其他威胁因子的相对值，权重范围从 0 到 1。数值 1 表示权重最高，0 为最低；DECAY 为威胁因子所带来退化的类型。

资料来源：程帆. 基于多功能评估的城市绿色基础设施网络构建：以安庆市为例［D］. 合肥：安徽建筑大学，2019.

2）生境类型对威胁因子的敏感性

不同生境对威胁因子的敏感程度不同，根据生物多样性保护的评估标准，对威胁因子的敏感性程度从高到低排序为自然景观、半自然景观和人工景观。根据相关研究模型具体参数设置见表 5-3。

表 5-3　生境类型敏感性参数表

生境类型	名称	HABITAT	L_gd	L_sd	L_gs	L_xd	L_jmd	L_nt	L_gy
1	林地	1	0.9	0.9	0.7	0.7	1	0.3	0.75
2	草地	1	0.7	0.7	0.5	0.5	0.9	0.5	0.6
3	农田	0	0.5	0.5	0.3	0.3	0.7	0	0.45
4	水体	1	0.75	0.75	0.65	0.65	1	0.1	0.75
5	裸地	0	0.2	0.2	0.1	0.1	0.3	0.1	0
6	建设用地	0	0	0	0	0	0	0	0

注：HABITAT 为每种生境类型所赋予的生境得分值，L_gd、L_sd 为每种生境类型对于每种威胁的相对敏感性。

资料来源：程帆. 基于多功能评估的城市绿色基础设施网络构建：以安庆市为例［D］. 合肥：安徽建筑大学，2019.

3. 评价结果

1）生物多样性服务价值评价结果

结果显示林地、草地、耕地、水体以及建设用地的维持生物多样性价值分别为 4、

3、2、1、0。因此通过价值指数可以看出各用地维持生物多样性价值的强弱顺序依次为林地＞水体＞耕地＞草地＞建设用地（图5-3）。故根据安庆市区用地现状可以看出北部区域分布大量林地，维持生物多样性价值最高，东部区域分布大面积水域，维持生物多样性价值也相对较高，市区西南部维持生物的多样性价值相对较低，南部中心城区维持生物多样性价值为0。

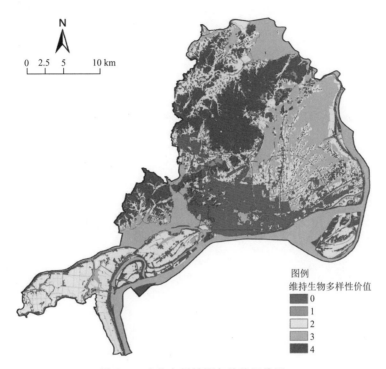

图5-3　生物多样性服务价值评价图

资料来源：程帆. 基于多功能评估的城市绿色基础设施网络构建：以安庆市为例［D］. 合肥：安徽建筑大学，2019.

2）生境连通性评价结果

通过 ArcGIS 和 Conefor Sensinode 软件计算得到生境连通性评价结果（图5-4）。评价结果显示市区生境连通性最高值为31.34，连通性最高的区域集中在大龙山、石塘湖、石门湖、百子山、破罡湖、张家菜湖以及长江，城区内部及周边存在几处生境连通性相对较高的区域，连通性值大于0.51，而北部除大龙山存在一定面积连通性较低的区域，连通性值基本为0.001。

3）生境质量评价结果

根据 InVEST 模型设置相关数据分析，运行得到生境退化指数图（图5-5）与生境质量指数图（图5-6）。根据生境退化指数结果可以看出安庆市区生境退化程度较高的地区主要集中在安庆中心城区的外围，主要向西、北方向退化，但整体退化水平较低。造成安庆市区生境退化的主要原因是工业建设，其次为交通。例如靠近中心城区地区以及东北靠近长江区域的生境退化主要受工业的影响，但北部山体区域生境退

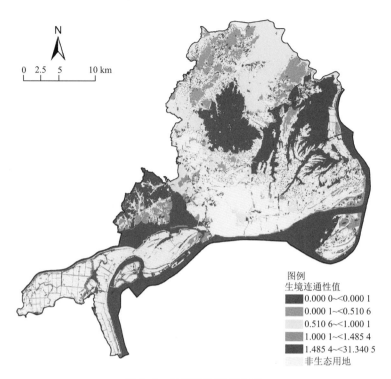

图例
生境连通性值
0.000 0~<0.000 1
0.000 1~<0.510 6
0.510 6~<1.000 1
1.000 1~<1.485 4
1.485 4~<31.340 5
非生态用地

图 5-4　生境连通性评价图

资料来源：程帆. 基于多功能评估的城市绿色基础设施网络构建：以安庆市为例［D］. 合肥：安徽建筑大学，2019.

图例
生境退化指数
高:0.1097 41
低:0

图 5-5　生境退化指数评价图

资料来源：程帆. 基于多功能评估的城市绿色基础设施网络构建：以安庆市为例［D］. 合肥：安徽建筑大学，2019.

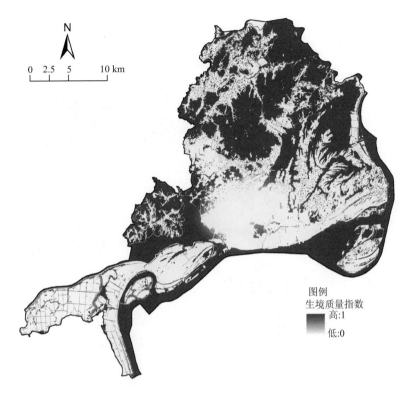

图 5-6　生境质量指数评价图

资料来源：程帆. 基于多功能评估的城市绿色基础设施网络构建：以安庆市为例［D］. 合肥：安徽建筑大学，2019.

化相对较弱，道路交通以及居民活动并没有对北部山体造成较大的影响。根据生境质量图，可以看出安庆市区生境质量普遍较高，北部山区、南部长江水系生境质量高，指数值为1。

4）生物多样性保护功能评估结果

综合三类空间分析结果，将三类结果进行叠加得到生物多样性保护功能评估结果（图 5-7），将功能重要性等级从一般到最重要划分为 1—5 级。从功能面积（表 5-4）来看高服务功能面积为 175.98 km²，占生物多样性保护功能面积的 38.49%，较高服务功能占比最高，达到 44.02%，面积为 201.23 km²。同时从斑块面积来看，功能最强的斑块面积为 35.69 km² 和 35.63 km²，分别为大龙山斑块和破罡湖。从空间分布来看，北部区域生物多样性保护功能较强，南部及西南部生物多样性保护功能一般。从土地利用类型分析来看，生物多样性保护功能等级最高的用地主要为林地，其次为水体。由此可见，加强生物多样性保护功能应注重林地和水体的保护。

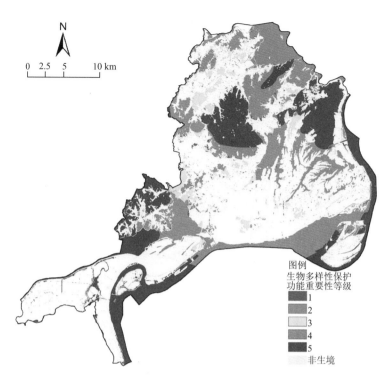

图 5-7 生物多样性保护功能分级图

资料来源：程帆. 基于多功能评估的城市绿色基础设施网络构建：以安庆市为例［D］. 合肥：安徽建筑大学，2019.

表 5-4 生物多样性保护功能重要性等级统计表

生物多样性保护功能重要性等级	面积/km²	占生物多样性功能保护面积的百分比/%
5（高服务功能）	175.98	38.49
4（较高服务功能）	201.23	44.02
3（中服务功能）	52.82	11.55
2（较低服务功能）	20.13	4.40
1（低服务功能）	7.02	1.54
总和	457.18	100

资料来源：程帆. 基于多功能评估的城市绿色基础设施网络构建：以安庆市为例［D］. 合肥：安徽建筑大学，2019.

5.3.2 气候调节功能评估

气候变化是当今全球面临的最严重和最具挑战性的问题之一，IPCC（政府间气候变化专业委员会）预估到 21 世纪末全球平均地表温度将在 1986—2005 年的基础上增加 0.3℃～4.8℃，预计那时全球极暖事件将增多，且热浪发生的频率更高、时间更长。当今应对气候变化的主要途径不外乎直接减排和增加碳汇。经过长期的研究得出一个共识，中国陆地生态系统的固碳潜力是惊人的，保护陆地生态系统是减轻全球气候变暖的重要措施。如何精确估算现有生态系统的固碳潜力，如何制定出低成本高效率的生态固碳措施是我国面临的全球气候变化的紧迫任务。通过评估生态系统固碳能力的强弱来评估气候调节功能。

1. 评估方法与原理

通过 InVEST 模型的碳储存模块来评估固碳能力，模型的原理是通过计算区域内各用地类型的碳密度〔包括地上（above）、地下（below）、土壤（soil）和枯落物（dead）〕，将四种碳库的储存量相加来评价整个区域的总碳储量，且同时生成碳储量空间分布。

2. 数据获取及处理

InVEST 模型的碳储存模块所需数据主要是基于土地利用类型的四大碳库的碳储存密度统计表（表5-5）。本书的碳储存密度统计表主要通过参考相关研究文献以及研究区周围相关研究数据得到。

表5-5 安庆市不同土地利用类型四大碳库碳储存密度值

单位：t/hm^2

lucode	LULC_name	C_above	C_below	C_soil	C_dead
1	林地	5.68	13.92	20.18	2.1
2	草地	2.04	9.4	11.9	1.42
3	农田	2.24	8.12	12.49	1.42
4	水体	0	0	0	0
5	裸地	2.26	9.03	14.66	0
6	建设用地	0	0	0	0

注：lucode 表示土地利用类型的编号；LULC_name 表示土地利用类型；C_above 表示储存在地上生物量中的碳量；C_below 表示储存在地下生物量中的碳量；C_soil表示储存在土壤中的碳量；C_dead 表示储存在死亡有机物中的碳量。

资料来源：程帆. 基于多功能评估的城市绿色基础设施网络构建：以安庆市为例［D］. 合肥：安徽建筑大学，2019.

3. 评价结果

通过 InVEST 模型的碳储存模块得到碳存储空间分布图（图5-8），从空间分布上可以看出碳存储较高的区域主要位于市区北部，该地区用地类型主要是林地与草地，林地覆盖率较高，碳储存密度保持在 4.19 t/hm^2。碳存储最低的区域主要位于市区东南部，区域内分布大量的水系以及建设用地，无固碳功能，碳储存密度为0。市区西南方向分布着农田，其碳储存密度基本保持在 2.43 t/hm^2。通过 GIS 空间统计可以看出碳储存密度主要有四类，从一般到最重要划分为 1～4 级，进行分级统计（表5-6）可以看出高服务功能与低服务功能等级分别占气候调节功能面积的 42.84%、54.62%，共占比达到97.46%，是气候调节功能最主要的组成部分。从土地利用类型分析来看，气候调节功能等级最高的用地主要为林地，由此可见加强气候调节功能应重点加强对林地的保护与建设。同时气候调节功能中面积最大的用地类型为耕地，可以看出耕地也是安

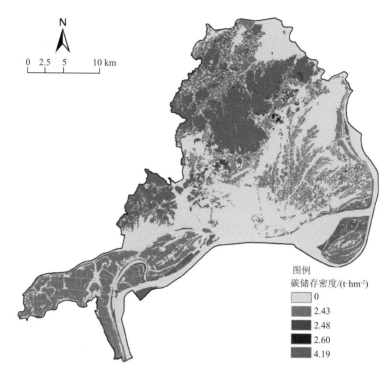

图例
碳储存密度/(t·hm⁻²)
□ 0
2.43
2.48
2.60
4.19

图 5-8 碳存储空间分布图

资料来源：程帆. 基于多功能评估的城市绿色基础设施网络构建：以安庆市为例 ［D］. 合肥：安徽建筑大学，2019.

庆市区域气候调节功能的关键因素，未来应当考虑耕地的固碳贡献，加强耕地保护。

表 5-6 气候调节功能重要性等级统计表

碳储存密度/（t/hm²）	气候调节功能重要性等级	面积/km²	占气候调节功能面积的百分比/%
4.19	4（高服务功能）	185.29	42.84
2.60	3（较高服务功能）	0.97	0.22
2.48	2（较低服务功能）	10.02	2.32
2.43	1（低服务功能）	236.24	54.62
总和		432.52	100

资料来源：程帆. 基于多功能评估的城市绿色基础设施网络构建：以安庆市为例 ［D］. 合肥：安徽建筑大学，2019.

5.3.3 土壤保持功能评估

土壤保持功能是安徽省沿江地区主要的生态系统服务功能，是指森林、草地等生态系统对土壤起到的覆盖保护，以及对土壤养分、水分的调节作用，防止土壤被侵蚀。较常用的评价方法是通过土壤流失方程来评估，通过综合降水、土壤属性、地形地貌、土地覆盖等因素来计算土壤侵蚀量和土壤保持量。InVEST 模型内的泥沙输移比模块综合了通用土壤流失方程（USLE），方便快捷地描述了土壤侵蚀流失的过程，且已被运用于多地的土壤保持功能评估。

1. 评估方法与原理

InVEST 模型内的泥沙输移比模块是通过计算土壤流失量（$rkls_i$）和实际土壤侵蚀量（$usle_i$）来评估土壤保持功能，计算公式如下：

$$rkls_i = R_i \cdot K_i \cdot LS_i \tag{5-7}$$

$$usle_i = R_i \cdot K_i \cdot LS_i \cdot C_i \cdot P_i \tag{5-8}$$

式中，R_i 表示降水侵蚀性因子 $[MJ \cdot mm (ha \cdot h)^{-1}]$，$K_i$ 表示土壤可侵蚀性因子 $[t \cdot ha \cdot h (MJ \cdot ha \cdot mm)^{-1}]$，$LS_i$ 表示坡度坡长因子，C_i 表示植被覆盖和作物管理因子，P_i 表示水土保持措施因子。

2. 数据获取及处理

InVEST 模型内所需数据（表5-7）包括数字高程模型（DEM）、流域与子流域、降雨侵蚀力因子 R、土壤可蚀性因子 K、植被覆盖和作物管理因子 C 以及水土保持措施因子 P。

表 5-7　土壤保持功能评估来源数据与处理

数据	数据处理	数据来源	计算公式
DEM	—	地理空间数据云	—
降雨侵蚀力因子 R	基于区域内日降雨量与年降雨量数据（降雨量数据是将2012—2017年平均值作为区域数据进行计算的）通过公式计算获得	中国气象科学数据共享服务网	$R = \sum\limits_{i=1}^{12} 1.735 \times 10^{\left(1.5\lg\frac{p_i^2}{p}\right)-0.8188}$ p_i 为月平均降雨量，p 为年平均降雨量，单位为 mm
土壤可蚀性因子 K	通过利用改进的 USLE 方程计算出土壤可蚀性因子，并参考相关区域研究数据	中国土壤数据库	$K_{USLE} = f_{csand} \cdot f_{cl-si} \cdot f_{orgc} \cdot f_{hisand}$ f 为土壤侵蚀因子（f_{csand} 为粗糙沙土质；f_{cl-si} 为黏壤土土壤；f_{hisand} 为高沙质土壤；f_{orgc} 为土壤有机质因子）
植被覆盖和作物管理因子 C	参考相关区域研究数据，林地 0.02，草地 0.043，耕地 0.23，裸地 1，水体和建设用地为 0	文献	—
水土保持措施因子 P	参考相关区域研究数据，林地 0.15，草地、耕地和裸地为 1，水体和建设用地为 0	文献	—
流域与子流域	基于 DEM，通过 GIS 水文分析生成研究区流域	地理空间数据云	—

资料来源：程帆. 基于多功能评估的城市绿色基础设施网络构建：以安庆市为例 [D]. 合肥：安徽建筑大学，2019.

3. 评价结果

通过 InVEST 模型的评估得到土壤保持功能分级图（图5-9），从图5-9空间分布可以看出土壤保持功能存在明显的空间差异性，土壤保持功能较强的区域主要位于市区北部大龙山以及西北部百子山区域，主要受区域海拔和林地覆盖度影响，植被覆盖度高对土壤起到较强的保护作用。长江以及破罡湖、石塘湖等湖泊周边土壤保持功能也相对较强，这是由于人工进行了一定的工程保护措施，起到了保护作用。低值区域主要位于中心城区，由于城市活动对于土地的破坏作用较强烈，建设用地的扩张和对自然资源的过度开采造成中心城区呈现出建设用地覆盖度高、植被覆盖度低现象，同时河流水系分布较少也导致土壤保持功能相对较弱。通过土地利用类型可以看出土壤保持功能较高者主要集中在山体、水系周边，故未来加强土壤保持功能的保护应该重点关注山体、水系周边环境。将市区土壤保持功能重要性等级从一般到重要划分为 1—5 级，并进行分级统计，从表 5-8 可以看出，低服务功能占比最高，达 49.72%，市区土壤保持功能相对较低，高服务功能占比最低，仅有 7.74%，显示出市区土壤保持功能强的区域相对较少。

表 5-8　土壤保持功能重要性等级统计表

土壤保持功能重要性等级	面积/km²	占土壤保持功能面积的百分比/%
5（高服务功能）	69.14	7.74
4（较高服务功能）	83.13	9.30
3（中服务功能）	118.16	13.22
2（较低服务功能）	178.94	20.02
1（低服务功能）	444.32	49.72
总和	893.69	100.00

资料来源：程帆. 基于多功能评估的城市绿色基础设施网络构建：以安庆市为例［D］. 合肥：安徽建筑大学，2019.

图 5-9　土壤保持功能分级图

资料来源：程帆. 基于多功能评估的城市绿色基础设施网络构建：以安庆市为例［D］. 合肥：安徽建筑大学，2019.

5.3.4 水源涵养功能评估

当今水资源匮乏的问题受到了越来越多的关注，人们开始注重对生态系统服务的水源涵养功能的维护。安庆市区虽然湖泊众多，水系发达，降雨量丰富，但季节性降水特征明显，梅雨和旱涝问题较为突出，同时石化工厂也对当地的水资源造成了一定程度上的污染。在这种情况下，提高水资源的管理和利用、最大限度地利用水资源已成为当务之急，对市区水源涵养功能的分析，有利于指导区域水资源的合理利用和保护。水源涵养功能评估方法主要有水量平衡法和定量指标法，水量平衡法主要通过 InVEST 模型和 SCS 模型（流域水文模型）进行评估，不过针对的研究区域范围较大，不适合市区范围的评价；定量指标法通过选取水源涵养功能相关性指标进行评价，也能较好地反映水源涵养功能。众多研究表明水源涵养功能主要与植被净初级生产力、气候、地形地貌和土地利用覆盖等因素相关，但考虑到安庆的市区尺度，土壤、降水因素变化不大，且植被净初级生产力指数（NPP）分辨率太低，故本章选取 NDVI 代替植被净初级生产力，再综合土地利用类型、植被覆盖度、坡度等计算水源涵养功能。

1. 评估方法与原理

通过综合土地利用类型、植被覆盖度、坡度等计算安庆市区水源涵养功能指数，有植被地区的计算见公式（5-9），无植被地区的计算如公式（5-10）所示：

$$S_{wat} = V_f \cdot W_{land} \cdot (1 - F) \tag{5-9}$$

$$S_{wat} = W_{land} \tag{5-10}$$

式中，S_{wat} 为生态系统水源涵养功能指数；V_f 为植被覆盖度；F 为坡度参数；W_{land} 为土地利用类型的水源涵养功能权重。

2. 数据获取及处理

评估方法所需数据包括土地利用数据、坡度、植被覆盖度、土地利用类型的水源涵养功能权重数据。土地利用数据来自土地利用调查数据，坡度数据主要通过 DEM 数据处理得到，植被覆盖度数据通过对安庆市区遥感数据利用 ENVI 软件计算 NDVI 得到，土地利用类型的水源涵养功能权重数据通过参考相关研究数据确定，见表 5-9。

表 5-9 不同土地利用类型的水源涵养功能权重

一级土地分类	二级土地分类	权重
林地	有林地	0.9
	灌木林地	0.8
	其他林地	0.7

一级土地分类	二级土地分类	权重
草地	天然牧草地	0.6
	人工牧草地	0.55
	其他草地	0.5
耕地	茶园	0.45
	果园	0.5
	水田	0.6
	水浇地	0.5
	旱地	0.4
水体	水库水面	0.7
	河流水面	1
	湖泊水面	1
	坑塘水面	0.7
	沼泽地	0.8
	内陆滩涂	0.7
	沟渠	0.7
裸地	裸地	0
建设用地	铁路园地	0
	采矿用地	0
	城市	0
	村庄	0
	风景名胜及特殊用地	0
	港口码头用地	0
	农村道路	0
	水工建筑用地	0
	建制镇	0
	公路用地	0
	管道运输用地	0
	设施农用地	0
	铁路用地	0

资料来源：程帆. 基于多功能评估的城市绿色基础设施网络构建：以安庆市为例 [D]. 合肥：安徽建筑大学，2019.

3. 评价结果

根据评价结果（图5-10）将水源涵养功能划分为5个等级，划分标准见表5-10，表格统计可以看出高服务功能占比最低，仅有8.5%，显示安庆市区水源涵养功能突出的区域不多，较高服务功能与中服务功能面积占比分别达到了22.82%和20.86%，一共占到区域水源涵养功能的43.68%，是提供水源涵养功能最主要的区域，但低服务功能的区域占比也达到33.73%，这是由于市区内大量建设用地造成的，未来提高低服务功能区的水源涵养功能是建设的重点内容之一。从空间分布上看服务功能的强弱主要与林地、耕地的分布相关，高服务功能与较高服务功能主要分布在高程相对较高的大龙山与百子山，这些区域林地覆盖率较高；西南方向分布也存在一部分高服务功能与较高服务功能，该区域主要以耕地为主。

图 5-10　水源涵养功能分级图

资料来源：程帆. 基于多功能评估的城市绿色基础设施网络构建：以安庆市为例［D］. 合肥：安徽建筑大学，2019.

表 5-10　水源涵养功能重要性等级统计表

水源涵养功能	水源涵养功能重要性等级	面积/km²	占水源涵养功能面积的百分比/%
［0.47，0.86)	5（高服务功能）	52.70	8.50
［0.36，0.47)	4（较高服务功能）	141.57	22.82

水源涵养功能	水源涵养功能重要性等级	面积/km²	占水源涵养功能面积的百分比/%
[0.25，0.36)	3（中服务功能）	129.37	20.86
[0.10，0.25)	2（较低服务功能）	87.37	14.09
[0.00，0.10)	1（低服务功能）	209.20	33.73
总和		620.21	100
水体		273.48	

资料来源：程帆. 基于多功能评估的城市绿色基础设施网络构建：以安庆市为例［D］. 合肥：安徽建筑大学，2019.

5.3.5　景观游憩功能评估

当今社会人们日益增长的文化精神需求变得越来越重要，满足人们的精神文化需求成为人们关心以及规划设计的重点方面。景观游憩功能是绿色基础设施功能重要的组成部分，景观游憩空间提供了居民的休闲场所。合理的景观游憩功能布局能较好满足人们的精神文化需求。相关研究表明景观游憩功能的优劣主要与游憩的本身在游憩体验过程的质量与交通可达性相关。故本章通过综合景观游憩价值指数与交通可达性来评价景观游憩功能。

景观游憩价值指数根据区域的土地利用类型和景观游憩服务价值当量计算，然后依据游憩级别予以修正。交通可达性通过对城市各级道路组成的网络进行分析，计算不同等级道路网络的交通通过时间，然后根据反距离权重法进行空间插值，计算区域交通可达性。

1. 评估方法与原理

景观游憩指数 S 的计算公式如下：

$$S = l \cdot p \cdot q \tag{5-11}$$

式中，S 为景观游憩价值指数；l 为土地利用类型；p 为景观游憩价值当量；q 为游憩级别。

2. 数据获取及处理

评估方法所需数据包括土地利用数据、景观游憩服务价值当量数据、游憩级别修正值以及交通数据。土地利用数据来自土地利用调查数据，景观游憩服务价值当量数据根据谢高地等人制定的价值当量表修正得到，见表 5-11，游憩级别修正值根据相关研究制定，具体数值见表 5-12。

表 5-11　景观游憩服务价值表

用地类型	水体	林地	草地	耕地	裸地、建设用地
景观游憩服务价值	4 097.74	1 208.55	37.77	18.88	0
等级	5	4	3	2	1

资料来源：程帆. 基于多功能评估的城市绿色基础设施网络构建：以安庆市为例［D］. 合肥：安徽建筑大学，2019.

表 5-12　游憩级别修正值统计表

景观游憩类型	公园	风景旅游区	自然保护区	其他
游憩级别修正值	1.75	1.5	1.25	1

资料来源：程帆. 基于多功能评估的城市绿色基础设施网络构建：以安庆市为例［D］. 合肥：安徽建筑大学，2019.

3. 评价结果

利用 ArcGIS 软件将景观游憩指数 S 与交通可达性进行叠加空间分析，计算每一个空间单元上的景观游憩功能指数，采用自然断裂法将景观游憩功能指数进行分级，分为 5（高服务功能）、4（较高服务功能）、3（中服务功能）、2（较低服务功能）、1（低服务功能），最后得出安庆市区景观游憩重要性的空间分布图（图 5-11）。从统计表 5-13 可以看出较高服务功能的占比最大，达 36.7%，但高服务功能占比最少，仅有 5.82%，面积为 51.99 km²，表示市区景观游憩功能整体较强，但功能突出的空间不多，未来改善的潜力较大。从空间分布可以看出高服务功能主要位于三处，分别为大龙山、破罡湖以及莲湖公园。大龙山因为林地覆盖率高，离市区仅有 15 km，交通也便捷，故景观游憩功能高。莲湖公园是安庆市目前唯一开放型公园，位于市中心，服务大量人群，故景观游憩功能高。从土地利用类型上看较高服务功能主要集中于离市区中心较近的山体、水体，未来可加入针对性的建设以快速提高景观游憩功能，例如建设外滩公园、石塘湖景观公园等等。

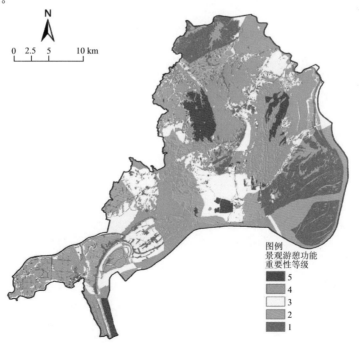

图 5-11　景观游憩功能分级图

资料来源：程帆. 基于多功能评估的城市绿色基础设施网络构建：以安庆市为例［D］. 合肥：安徽建筑大学，2019.

表 5-13　景观游憩功能重要性等级统计表

景观游憩功能重要性等级	面积/km²	占景观游憩功能面积的百分比/%
5（高服务功能）	51.99	5.82
4（较高服务功能）	327.98	36.70
3（中服务功能）	176.45	19.74
2（较低服务功能）	182.94	20.47
1（低服务功能）	154.33	17.27
总和	893.69	100

资料来源：程帆. 基于多功能评估的城市绿色基础设施网络构建：以安庆市为例［D］. 合肥：安徽建筑大学，2019.

5.3.6　历史文化保护功能评估

历史文化保护功能被视为绿色基础设施重要功能受到越来越多的关注。安庆作为国家级历史文化名城，历史文化遗产丰富，这构成其城市得天独厚、无可比拟的条件和特有的人文环境，协调历史文化保护功能与城市建设已成为城市发展的重点问题。合理评估历史文化保护功能不仅能保护历史文化遗产本身，同时能较好地形成历史环境风貌的完整性。通过相关研究可以发现历史文化保护功能主要与文物保护的重要性等级与离文物保护的空间距离相关，等级越高功能越强，距离越近功能越强。故本章通过结合安庆市区的历史古迹的保护重要性与空间距离评估安庆市区历史文化保护功能。

1. 评估方法与原理

安庆市区历史文化保护功能的量化评估是对安庆市区相关历史古迹的信息进行筛选的过程，通过结合历史古迹的历史久远度和重要性等级评估历史古迹的保护功能等级，最后通过 GIS 将历史古迹的保护功能等级进行反距离权重插值，得出市区全域的历史文化保护功能等级图。

2. 评价结果

通过图 5-12 可以看到历史要素的空间分布集中在安庆中心城区，且分布较为密集，外围往北分布有少量历史要素。然后根据 GIS 空间插值可以看出，在空间分布上，高服务功能集中在中心城区以及最北部地区，因为此地区分布的文物重要性等级较高。较低服务功能与低服务功能主要分布于市区东部与西南部，这些区域分布较少或未分布有文物，故历史文化保护功能相对其他区域较弱。通过统计表 5-14 可以看出历史文化保护功能相对较弱的面积占比 66.31%，高服务功能、较高服务功能以及中服务功能面积占比均低于 10%，其中高服务功能仅为 2.83%。

图 5-12　历史文化保护功能分级图

资料来源：程帆. 基于多功能评估的城市绿色基础设施网络构建：以安庆市为例 [D]. 合肥：安徽建筑大学，2019.

表 5-14　历史文化保护功能重要性等级统计表

历史文化保护功能重要性等级	面积/km²	占历史文化保护功能面积的百分比/％
5（高服务功能）	25.31	2.83
4（较高服务功能）	52.07	5.83
3（中服务功能）	85.39	9.55
2（较低服务功能）	138.31	15.48
1（低服务功能）	592.61	66.31
总和	893.69	100

资料来源：程帆. 基于多功能评估的城市绿色基础设施网络构建：以安庆市为例 [D]. 合肥：安徽建筑大学，2019.

5.4　绿色基础设施网络规划

绿色基础设施网络应具有多功能性，其主要结构形式是由面状要素、线状要素和点状要素构成，但是当今绿色基础设施的发展面临功能弱化、结构失衡等诸多挑战。基于此背景下，本章在前文绿色基础设施多功能空间评估的基础上对绿色基础设施要素进行识别，通过对结构要素的重新识别来调整网络结构，通过构建网络分区来促进功能融合，最后将结构要素与功能分区结合构建安庆市绿色基础设施网络。

5.4.1 城市绿色基础设施网络结构要素识别

1. 网络中心的识别

网络中心是由功能较强、等级较高的绿色基础设施要素构成。前文安庆市区绿色基础设施功能评估的结果反映了各功能空间的强弱特性。其中多功能空间评估的局部自相关分析识别出了各功能空间高—高集聚区，高—高集聚区即为各功能在空间上的高值集聚，反映空间上服务功能最高值的区域。另外绿色基础设施功能的重要性等级评估结果反映了功能在空间上的分级。故通过综合多功能空间评估的局部自相关分析结果和重要性等级结果能较好地识别出绿色基础设施网络中心。通过安庆市区绿色基础设施多功能局部自相关分析结果可以看出（图 5-13），绿色基础设施高—高集聚区域占比较大，占市区的48.9％，反映出安庆市区内近一半区域为服务功能较高的区域，但也存在空间上明显的低服务功能区域，例如中心城区的大部分区域以及中心城区东部。

图 5-13 绿色基础设施功能高—高集聚分布图

资料来源：程帆. 基于多功能评估的城市绿色基础设施网络构建：以安庆市为例［D］. 合肥：安徽建筑大学，2019.

通过将高—高集聚区与绿色基础设施功能重要性评估结果叠加得到安庆市区网络中心分级图（图5-14）。通过图5-14可以看出，高—高集聚区内大部分区域为一级网络中心，一级网络中心占高—高集聚区比例大约79.11%，反映出安庆市区高—高集聚区域的功能要素等级较高。一级网络中心基本涵盖了区域内重要的山体、水体，包括大龙山、百子山、长江沿岸、石塘湖、破罡湖等。二级网络中心分布较少，分布于一级网络中心周围，其他生态用地则在部分区域环绕在网络中心外部，对一、二级网络中心进行补充。

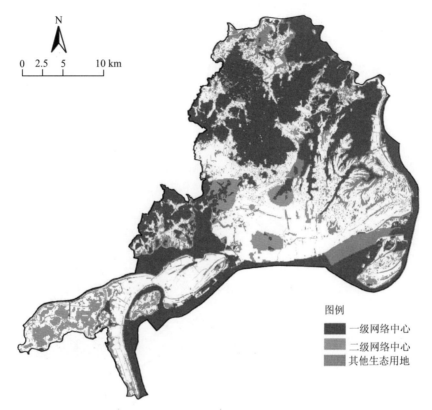

图 5-14 绿色基础设施网络中心分布图

资料来源：程帆. 基于多功能评估的城市绿色基础设施网络构建：以安庆市为例［D］. 合肥：安徽建筑大学，2019.

2. 连接廊道的识别

连接廊道识别的方法中最常用的为最小耗费阻力模型，其通过结构的分析能较好地识别理想化的连接廊道。计算公式如下所示：

$$MCR = f_{\min} \sum_{j=n}^{i=m} D_{ij} \cdot R_i \qquad (5-12)$$

式中，MCR 是最小耗费阻力值，D_{ij} 代表网络中心 i 到网络中心 j 的距离，R_i 代表斑块 i 对网络中心生态过程的阻力系数，Σ 代表网络中心 i 与网络中心 j 之间经过斑块的累积阻力。

最小耗费阻力模型的构建主要受生态源和阻力面的影响，以前文识别的一级网络中心作为安庆市区最小耗费阻力模型的生态"源"，再综合土地覆被情况来构建阻力面。参考相关研究，确定安庆市区土地覆被的基本阻力系数（表5-15）。

表5-15 安庆市土地覆被的阻力系数表

土地覆被类型	林地	草地	耕地	水体	裸地	建设用地
基本阻力系数	1	10	30	50	300	500

资料来源：程帆. 基于多功能评估的城市绿色基础设施网络构建：以安庆市为例［D］. 合肥：安徽建筑大学，2019.

连接廊道的模拟是先通过ArcGIS软件的Distance模块中的Cost Distance分析，计算网络中心最小累积成本距离，再使用Distance模块中的Cost Path分析计算网络中心的最小成本路径，将最小成本路径进行拓扑分析，最终筛选出连接廊道，筛选结果如图5-15所示。通过图5-15可以看出，绿色基础设施网络连接廊道集中分布在城区东南方向，连接着长江与北部湖泊。北部区域现状连通性较好，在连接廊道分布上较少且距离较短。在城区内部主要分布三条连接廊道，沟通着城区水体与外围水系。在连接廊道的类型划分上基本可以分为沿河廊道、沿路廊道以及山体、水体间的串联廊道。

图例

━━━ 连接廊道

图5-15 绿色基础设施网络连接廊道分布图

资料来源：程帆. 基于多功能评估的城市绿色基础设施网络构建：以安庆市为例［D］. 合肥：安徽建筑大学，2019.

3. 关键生态节点的识别

关键生态节点的识别方法很多，从连通性、斑块重要性程度等角度均能识别关键生态节点。关键生态节点主要是指绿色基础设施网络中连接相邻网络中心并对物质空间流动起关键作用的区位，一般分布于连接廊道上功能薄弱处或连通性较差处。关键生态节点的识别将有助于引入和恢复原生态景观斑块或通过退化城市建设来重建和恢复绿色基础设施网络的整体连通性。以往研究表明在城市建设过程中道路交通对区域绿色基础设施网络的整体连通性影响较大，增加了物质在网络中心间流动的难度。本章从网络连通性角度考虑关键生态节点的识别，通过运用 GIS 空间叠加分析，选取安庆市区主要道路交通线与最小成本路径的交叉处作为关键生态节点的位置，共选取出关键生态节点 41处，如图 5-16 所示，关键生态节点主要分布于中心城区以及外围主要网络中心之间的连接处。

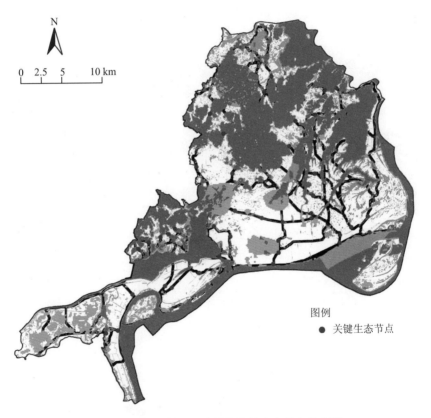

图例
● 关键生态节点

图 5-16 绿色基础设施网络关键生态节点分布图

资料来源：程帆. 基于多功能评估的城市绿色基础设施网络构建：以安庆市为例 [D]. 合肥：安徽建筑大学，2019.

5.4.2 城市绿色基础设施网络功能分区

绿色基础设施功能存在显著性的空间分异特征，且各服务功能间存在着协同与权衡关系，因此探讨和分析区域绿色基础设施功能的关键因子、空间格局的分布特征以及相互关系将有利于引导区域复合系统的可持续发展。本节参考建立的生态功能区划原则、方法，构建绿色基础设施网络功能分区，为环境保护与功能修复提供科学依据，为实施区域分区管理提供基础和前提。

1. 划分依据

根据绿色基础设施网络功能分区划分原则，绿色基础设施网络分区划分的依据是绿色基础设施各功能等级、功能间协同与权衡关系。根据以上分区原则、划分依据，应首先识别绿色基础设施各功能高值区域、确定功能间协同与权衡关系，再进行空间层面上的叠置分析。

识别绿色基础设施各功能高值区域，以前文绿色基础设施功能空间分析结果为依据，其热点分析能自动聚合数据，识别适当的分析范围，整合部分功能低值到高值空间，形成较为连续的空间，识别出具有显著性的热点和冷点空间，热点与冷点区域分别反映绿色基础设施功能高值与低值空间的集聚。提取热点分析中的冷热点区域结果，如图 5-17 所示。

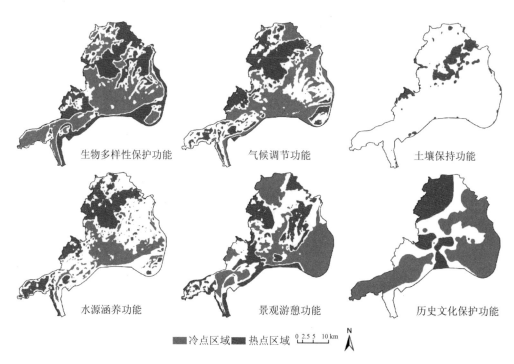

图 5-17　绿色基础设施各功能冷点与热点区域分布图

资料来源：程帆. 基于多功能评估的城市绿色基础设施网络构建：以安庆市为例 [D]. 合肥：安徽建筑大学，2019.

2. 划分结果

根据以上分区原则、划分依据进行空间层面上的叠置分析，获得安庆市绿色基础设施网络功能分区图（图 5-18）。分区结果将安庆市划分为 7 个功能区，分别为：生物多样性保护、气候调节、土壤保持、水源涵养复合功能区，气候调节与水源涵养复合功能区，气候调节与土壤保持复合功能区，景观游憩与历史文化保护复合功能区，生物多样性保护功能区，一般功能区和功能修复区。从安庆市绿色基础设施网络功能分区图也可以进一步看出，安庆市绿色基础设施功能具有明显的空间分异特征，未来可针对不同功能区实施相应的功能保护与修复措施。

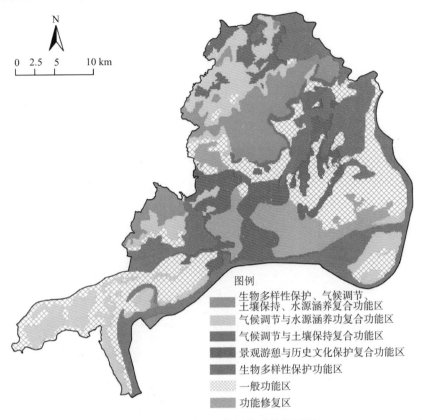

图例
生物多样性保护、气候调节、
土壤保持、水源涵养复合功能区
气候调节与水源涵养功复合功能区
气候调节与土壤保持复合功能区
景观游憩与历史文化保护复合功能区
生物多样性保护功能区
一般功能区
功能修复区

图 5-18　绿色基础设施网络功能分区图

资料来源：程帆. 基于多功能评估的城市绿色基础设施网络构建：以安庆市为例［D］. 合肥：安徽建筑大学，2019.

5.4.3　城市绿色基础设施网络构建

城市生态保护红线、永久基本农田边界线、城市开发边界等各类控制线的划定，保障了土地的高效利用与生态安全，但也从一定程度上割裂了生态功能及生态过程的完整性、系统性，忽略了各类空间实质上的相互依赖与紧密关联。城市绿色基础设施网络着眼于区域，以相互连接网络结构形式统筹提供着生命支持系统，但长期网络只关注网络中心的保护，且大多用均一化的手段进行保护实施，未细化考虑网络中心保护的类型，一定程度上违背了自然演替规律和人类需求，阻碍着生态系统服务功能的发挥，甚至对区域安全格局造成不良影响。

在对安庆市绿色基础设施网络要素识别与功能分区的基础上，以功能为视角、以网络为形式、以多功能效益为目标，通过耦合网络中心要素与功能分区，将网络中心与功能建立起关联，以此细化网络中心的类型，构建安庆市绿色基础设施网络。在耦合过程中充分考虑网络中心的完整性与连续性，通过功能分区聚合破碎的网络中心，将网络中心与功能分区相结合，划分出不同功能类型的网络中心。

如图5-19所示，将网络中心根据功能分区划分为6种类型，分别为：生物多样性保护、气候调节、土壤保持、水源涵养复合功能网络中心，气候调节与水源涵养复合功能网络中心，气候调节与土壤保持复合功能网络中心，景观游憩与历史文化保护复合功能网络中心，生物多样性保护功能网络中心，功能修复网络中心。在空间分布上市区北部网络中心功能类型最丰富，涵盖了生物多样性保护、水源涵养、土壤保持以及气候调节功能，且网络中心面积最大。中心城区周边主要分布着大量景观游憩与历史文化保护功能网络中心，同时也分布少量的功能修复网络中心。西南方向网络中心以气候调节和水源涵养复合功能为主。市区内分布的主要水系以生物多样性保护功能为主，例如长江、石塘湖、破罡湖等。连接廊道、关键生态节点主要起结构性功能，加强网络中心间的物质流动。

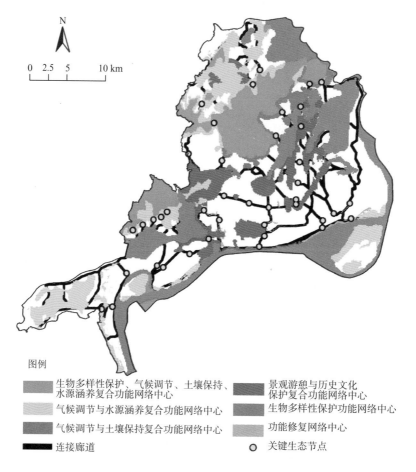

图例

▨ 生物多样性保护、气候调节、土壤保持、水源涵养复合功能网络中心　　　　▨ 景观游憩与历史文化保护复合功能网络中心
▨ 气候调节与水源涵养复合功能网络中心　　　　▨ 生物多样性保护功能网络中心
▨ 气候调节与土壤保持复合功能网络中心　　　　▨ 功能修复网络中心
▬ 连接廊道　　　　○ 关键生态节点

图5-19 安庆市绿色基础设施网络构建图

资料来源：程帆. 基于多功能评估的城市绿色基础设施网络构建：以安庆市为例 [D]. 合肥：安徽建筑大学，2019.

第6章
亳州市通风廊道规划

近年来，我国城市气候与环境问题出现频繁，其原因之一就是传统城市建设过程中政府往往更注重经济效益而欠缺对城市气候环境影响的考虑，规划人员和气象、林业等各个政府部门彼此沟通较少。同时，我国目前城市化除东部发达地区外，仍处于城市化持续增长阶段，相关规划人员不仅要对已建成区域即老城区气候问题提出改善措施，也要满足新城区规划过程中利于良好气候环境的形成。综上，在规划过程中结合气候环境成为必然趋势。2018年7月中国气象局发布《气候可行性论证规范城市通风廊道》，为国内首个城市通风廊道规划标准；2021年1月生态环境部发布《关于统筹和加强应对气候变化与生态环境保护相关工作的指导意见》，大力推进应对气候变化和减污降碳的工作，推动生态文明建设实现新进步。

城市通风廊道建设是国土空间规划体系下城市空间结构优化的重要参照准则。对通风廊道规划的研究可以通过风道的划分对城市用地布局调整更加合理，减少城市污染，降低自然灾害的发生频率，从而提高城市的生态安全。

6.1 研究区域概况

亳州市地处黄淮海平原南端，是皖西北地区轻工业和贸易中心城市，为国家级历史文化名城。亳州市辖谯城区、涡阳县、蒙城县、利辛县等一区三县。2020年，亳州市域常住人口为499.7万人，城区常住人口62.9万人，城镇化率42.5%。市域面积8 521.27 km²，谯城区面积2 262.90 km²，中心城区面积约218.10 km²。

6.2 通风廊道气候可行性论证

6.2.1 城市风况特征分析

1. 风速

根据亳州气象站自2001年以来的逐小时风速观测资料，计算得到该站年均风速为

2.19 m/s（相当于风力 2 级，轻风）；最大风速（10 分钟风速最大值）为 14.8 m/s（相当于风力 7 级，疾风），发生时间是 2009 年 6 月 3 日 22 时。从多年平均风速来看，该地区整体上属于低风速区。

2. 风向

根据亳州气象站自 2001 年以来的逐小时风向和风速观测资料，计算得到各方向的风向频率，如图 6-1 所示。结果表明，该站以偏东风为最多风向（E，10.1%），其次是偏北风（N，9.7%）和偏东南风（ESE，8.0%），同时偏南风（S）占比达 8.3%。

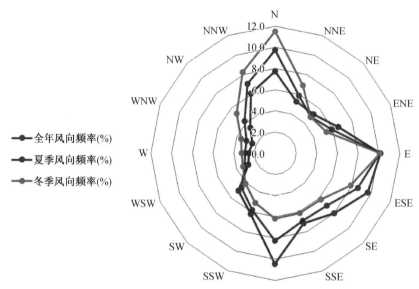

图 6-1 全年、夏季和冬季风向频率玫瑰图

资料来源：作者自绘

此外，笔者进一步考察了亳州地区风环境特征的季节差异，即冬季和夏季风向频率分布特征。可以看出，该站夏季主导风向为偏南风（S，10.4%），其次为偏东风（E，10.2%），偏东东南风频率也较高（ESE，8.0%）。冬季，则以偏北风为主导风向（N，11.5%），其次为偏东风（E，10.1%），第三为偏西北北风（NNW，8.3%）。总体上来看，该地区冬、夏季主导风向的差异可能是最大的气候特征（冬季风、夏季风）的反映。就全年平均来讲，该地区的主导风向不占有绝对优势。

3. 软轻风风况

软轻风是指风速在 0.3 m/s ～ 3.3 m/s 之间的风，包括 1 级和 2 级风。同样，利用该站 2001 年以来的逐小时观测资料对软轻风风向频率特征分析，结果如图 6-2 所示。

从统计结果来看，该站软轻风的风向频率特征整体上与全部风速风向频率分布特征基于一致。较为明显的差异是，不管是全年、夏季还是冬季，其主导风向均为偏东风，占比分别是 10.9%、10.9% 和 10.8%，说明在风速较小情况下，该地区盛行偏东风。

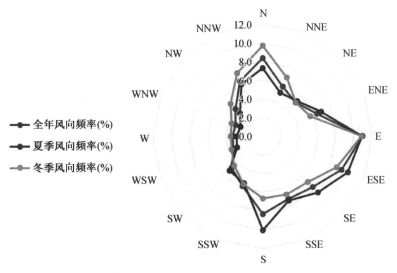

图 6-2　全年、夏季和冬季软轻风风向频率玫瑰图

资料来源：作者自绘

4. 污染系数

污染系数从气象条件（主要是指风速与风向频率）的角度来描述某地受污染的倾向性，其计算公式是：

$$污染系数＝风向频率/平均风速 \tag{6-1}$$

污染系数的意义是，某方位下风受污染的时间与该方位风向频率成正比，而污染浓度与该方位的平均风速成反比。污染系数综合了风向和风速的作用，代表了某方位下风向空气污染的程度。

图 6-3 分别是亳州站累年污染系数统计列表和分布玫瑰图。可以看出，该站污染系数最高的是偏北、偏东和偏南三个方位，整体上对应了主要的盛行风向；而污染系数最低的是偏西方位（依次是 WNW、WSW 和 W），因此从避免大气污染的角度来看，该地区的工厂等污染企业设置在偏西方位对主城区的影响相对最小。

5. 空气质量情况

利用亳州城区两个环境监测站自 2015 年 2 月份开始的逐小时 PM2.5 浓度观测数据，来定量化考察该市的大气污染状况。图 6-4 是亳州 $PM_{2.5}$ 浓度的逐月变化曲线图，可以看出该地区大气污染浓度有着显著的季节变化特征，冬季污染最重，夏季污染最轻。

近六年平均 $PM_{2.5}$ 浓度为 $55.9~\mu g/m^3$，远高于《环境空气质量标准》中规定的一、二类环境空气功能区质量标准（年均 $PM_{2.5}$ 浓度限值分别为 $15~\mu g/m^3$ 和 $35~\mu g/m^3$），表明该地区空气污染也较为严重。

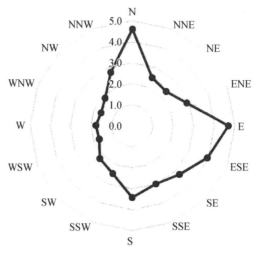

图 6-3 污染系数玫瑰图

资料来源：作者自绘

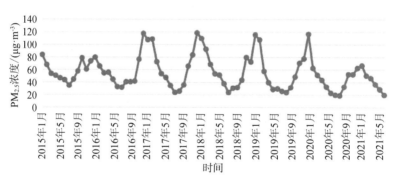

图 6-4 月均 $PM_{2.5}$ 浓度变化曲线图

资料来源：作者自绘

6.2.2 通风潜力空间分布

通风潜力是指由地表植被、建筑覆盖及天空开阔度确定的空气流通能力。本章基于卫星遥感资料、基础地理信息资料、自动气象资料和相关规划资料，利用遥感与 GIS 技术、建筑高度和密度估算天空开阔度和地表粗糙度，在此基础上开展地表通风潜力现状及未来风环境评估，利用国内外通风廊道研究一般性规律，开展城市通风廊道研究应用，并结合当前风环境现状，提出廊道及城市通风分级管控策略。

对不同等级的通风潜力分析，如图 6-5 所示，亳州城区通风潜力等级为 5 级的地区占 64.8%，通风潜力等级为 4 级的地区占 0.2%，通风潜力较高，以上均可作为通风廊道构建地区。而通风潜力等级为 1 级的地区主要分布在涡北新城片区以及涡河南部老城片区，基本无通风潜力的地区已达 22.0%，亟须构建通风廊道，提升这些区域的通风能力。通风潜力较大的区域主要为农田、绿地、河道以及宽阔街道，这些地区可作为城市通风廊道规划载体。

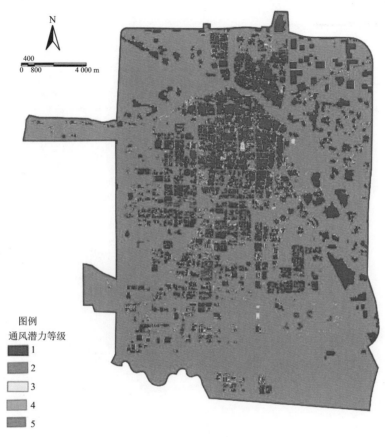

图 6-5 中心城区通风潜力分析

资料来源：作者自绘

6.2.3 城市热岛强度空间分布

将研究区内地表温度与郊区温度（郊区农田平均地表温度）的差定义为热岛强度。根据图 6-6，亳州市中心城区强热岛区域与弱热岛区域比例较高，主要分布在涡河北部新城片区以及涡河南部老城区、经开区，呈连片蔓延状，西北部有部分地区呈斑块状，这些地区土地资源开发利用强度较大，建筑密度高而植被覆盖度相对较低，热岛集中，热岛强度明显高于其他区域；不明显热岛区域分布在中心城区西北部以及东部涡河周围；冷源区域分布在涡河周围，呈带状分布。通过 ArcGIS 软件统计强热岛区域面积为 51.4737 km²，占总面积的 23.59%；弱热岛面积为 55.94 km²，占总面积的 25.64%，高于强热岛区域；冷源面积为 1.23 km²，占总面积的 0.56%。

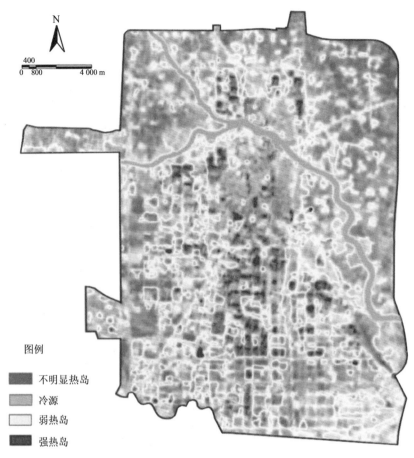

图 6-6 中心城区热岛强度空间分布图

资料来源：作者自绘

图例

■ 不明显热岛
▨ 冷源
□ 弱热岛
■ 强热岛

6.3 通风廊道布局与管控

6.3.1 市辖区通风廊道

城市级风道密度较稀疏，是确定亳州市辖区主要盛行风向和整个风道网络的核心，是形成风环境的重要廊道。通过评估亳州市辖区城市风况特征及现状热岛效应划定亳州市区通风廊道规划示意图，划定结果如图 6-7 所示。市区通风廊道结构为"两廊贯城"，主要走向为东南方向和南北向，廊道分别为济广高速—京九铁路通风廊道、洪河—涡河通风廊道。

6.3.2 中心城区通风廊道规划

1. 一级通风廊道规划

为改善城区热岛、雾霾现状，提升城市整体的通风效果，构建 15 条打通城市内外

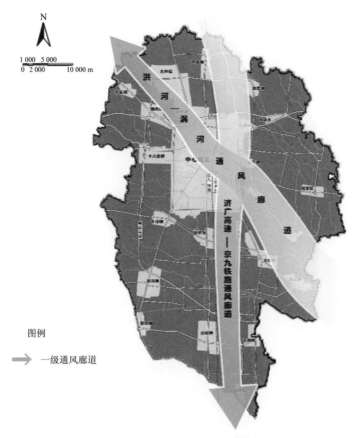

图 6-7　市区通风廊道规划示意图

资料来源：作者自绘

的通风廊道。一级通风廊道主要从整个城区尺度改善通风环境，规划布置3条一级通风廊道，1条贯穿城市南北向，2条贯穿城市东西向。通风廊道从城区外围引入绿源风和大陆季风，直接贯穿城区内部，在中心城区的尺度上达到了疏散污染空气的作用。大量新鲜空气的输送提高了城市大气的自净能力，从而改善城市整体的气候环境质量，降低热岛、雾霾对城市大气环境的影响，如图6-8所示。

2. 二级通风廊道规划

二级通风廊道是辅助一级通风廊道的重要廊道，连接一级风道及补偿地区，分布均衡。二级通风廊道主要是改善片区（单元）的通风环境，主要分散在道路、城市绿地、城市水系，集中在热岛环境密集的地区或者是集中在热岛效应比较严重地区的上风向，提高通风能力。中心城区范围内规划二级风道7条，分别为药王大道—宋汤河通风廊道、光明路通风廊道、酒城大道—窑鸿沟通风廊道、魏武大道—龙凤新河通风廊道、养生大道通风廊道、木兰大道—亳城新河通风廊道、亳宋河通风廊道，如图6-9所示。

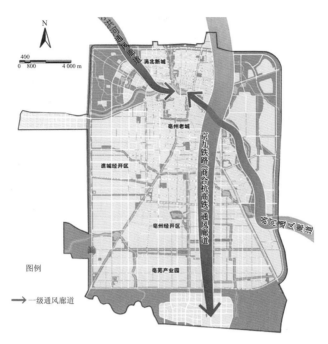

图6-8　中心城区一级通风规划示意图

资料来源：作者自绘

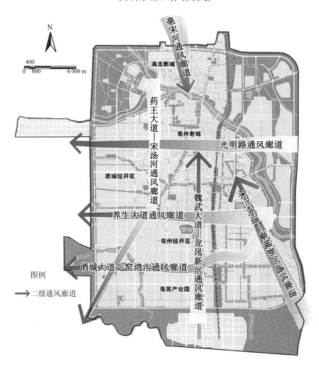

图6-9　中心城区二级通风规划示意图

资料来源：作者自绘

3. 三级通风廊道规划

三级通风廊道是一、二级通风廊道的延伸，主要用于改善单元内部（组团级）的通风环境，主要是分散在道路、城市水系周边，提高组团内部通风能力，如图 6-10 所示。

中心城区一、二、三级通风廊道规划如图 6-11 所示。

图 6-10　中心城区三级通风规划示意图

资料来源：作者自绘

图 6-11　中心城区通风廊道规划示意图

资料来源：作者自绘

6.3.3 通风廊道管控

依据保护生态开敞空间、加强城市风道间的空间联系、疏通城市风阻地带三方面内容划定廊道控制范围，并依据控制范围提出相应控制指标。

1. 控制范围划定

结合保护生态开敞空间、加强城市风道间的空间联系、疏通城市风阻地带三方面内容划定亳州市中心城区通风廊道控制范围，控制范围如图 6-12 所示：

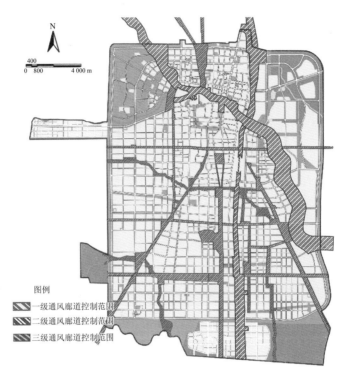

图 6-12 中心城区通风廊道控制指引

资料来源：作者自绘

2. 通风廊道管控布局

通风廊道地区规划控制重点在于降低城市粗糙度，确保空气流通顺畅，核心是控制通风廊道和通风口。城市级风道主要明确了通风廊道宽度、两侧建筑布局形式、两侧场地间口率、植物种植和通风口工业类型选择及控制等；中心城区级风道在城市级风道的控制指标基础上，进一步提出了风道周边的建筑密度、建筑空间形态、布局形式等控制要求。

1）城市级通风廊道管控

（1）城市级风道

调整宋汤河、窑鸿沟、龙凤新河、亳城新河、亳宋河、漳河、凤尾沟等水系沿岸现状滨水绿地的绿线宽度，严格按照绿线控制，有条件区域按 150 m 控制；调整药王大

城乡生态与环境规划

道、魏武大道、养生大道、木兰大道等主干路红线宽度，具备条件的地区按100 m宽度控制。

（2）风道宽度

大型风道的宽度取决于城市范围内的主要河流、主要大型绿地，主要将自然要素现状的宽度作为控制参照，风道宽度为不低于500 m。

（3）风道两侧建筑布局形式

风道两侧尽量减少建筑布置，必要时在大型风道两侧200 m范围内的建筑宜采用斜列式和并列式相结合的布局形式，避免布置密且高度一致的布局形式，宜采取阶梯状的高度错落建筑布局形态，越接近主导来风方向的建筑物高度应越低。调整主干道红线宽度，具备条件的地区按照60 m的宽度控制。

（4）风道两侧场地间口率

应限制风道两侧场地内的建筑面宽和间距，减小对风的遮蔽，尤其对涡河、洪河风道两侧面向水面的城市来源风方向的开发项目更应严格控制，间口率不宜超过60%。

（5）风道内建筑空间形态和建筑密度

风道内一般不建议新建建筑，控制风道所经过的河流周边建筑体量必须严格控制，建筑密度不宜超过20%。老城区由于城市空间基本成型，建议结合旧城改造，搬迁和拆除部分危房，降低建筑密度，以"见缝插绿"的形式增加绿地面积。设置诸如屋顶花园等立体绿化形式增加绿量，提高城市通风效果。

（6）风道口工业类型选择及控制

严格控制风道口的城市用地性质，禁止布置有污染工业用地。对于已经形成的工业用地，若大气污染严重，应该考虑将其迁出，将其布置到城市下风向地区。同时严格控制工业类型，禁止发展化学工业、煤炭工业等大气污染严重的工业。

（7）风道内街道走向

城市高密度发展区域或地块尺度超过100 m的区域，宜使主要道路方向与主导风向成约30°～60°的夹角。街道两侧相对的建筑形成连续街墙时应避免街道断面内产生下沉涡流，须控制街墙长度。

2）中心城区级通风廊道规划控制指引和管控

中心城区级风道主要建议控制要素有风道宽度、风道内建筑控制、风道内植物种植要求、风道两侧控制范围、风道两侧场地间口率、风道两侧建筑布局方式、风道两侧建筑密度、风道两侧高宽比率。在风道覆盖地区一般不建议新建建筑；若新建建筑，则必须严格控制建筑体量。

第 7 章
滁州市国土综合整治与生态保护修复

国土空间生态修复是为实现国土空间格局优化、生态系统健康稳定和生态功能提升的目标，按照山水林田湖草是生命共同体的原理，对长期受到高强度开发建设、不合理利用和自然灾害等影响造成生态系统严重受损退化、生态功能失调和生态产品供给能力下降的区域，采取工程和非工程等综合措施，对国土空间生态系统进行生态恢复、生态整治、生态重建、生态康复的过程和有意识的活动。

国土空间生态修复是在查明国土空间生态系统病症、病因和病理的基础上，进行物种修复、结构修复和功能修复。其对象是受损生态系统，目的是维护国土空间生态系统的整体平衡和可持续发展，采取的路径包括自然修复和社会修复的双重修复。

随着新型城镇化建设深入推进，安徽省城镇发展进入内部空间改造优化的新时期。开展城市化地区综合整治研究，有利于转变国土资源利用方式，优化建设用地布局与结构，拓展城市发展新空间，构建安全高效便利的市政公用设施网络体系，提升城市服务功能；大力实施乡村振兴战略，为农业农村发展提供了新的发展机遇，开展农村土地综合整治研究，有利于补齐农村基础设施短板，保障粮食生产安全，加快构建现代农业三大体系和三产融合发展机制，进一步增强发展整体性、平衡性；生态文明建设战略地位不断提升，环境保护支持和投入力度持续加大，生态整体恶化态势缓解，但尚未得到根本遏制，开展重点生态功能区与矿产资源开发集中区综合整治研究，有利于保护、修复、改善生态环境，维护生态系统稳定，提升生态环境的承载能力，为建设生态滁州提供有力保障。

7.1 研究区域概况

滁州市东与江苏省毗邻，北与蚌埠市相接，西与合肥市接壤，南以滁河为界与巢湖市隔河相望。滁州市辖琅琊区、南谯区、凤阳县、定远县、明光市、全椒县、来安县、天长市，共 2 区 2 市 4 县。滁州市土地总面积为 13 519.17 km²。根据最新"三调"数据，调查范围共 1 351 916.94 hm²，"三调"中的中农用地、建设用地和未用地，占地面积分别为 1 165 503.03 hm²，130 417.69 hm² 和 55 996.22 hm²，分别占国土总面积的 86.21％、

9.65%和4.14%。

7.2 生态安全格局评价

生态安全格局指一个区域内生态安全的程度，是经济、社会和自然生态环境安全的综合体现。本节在系统分析全市城镇、农村、生态功能区、矿产资源开发集中区资源利用与生态环境保护现状，结合综合整治潜力、开发保护与治理目标的基础上，综合考虑自然生态的系统性、生态功能的完整性，以江河湖流域、山体山脉等相对完整的自然地理单元为基础，构建滁州国土空间生态安全格局。

根据对生态安全等级划分等资料的分析，并借鉴相关安全领域的等级划分标准，依据生态风险评价及生态潜在资源，在县域范围内奠定生态安全的宏观格局。将滁州市生态安全等级分为5个级别，分别对应低安全、较低安全、中安全、较高安全、高安全5种状态。

总体来说，滁州市有65.70%的区域处于较高安全或高安全等级（表7-1），生态安全状况一般，具体生态安全格局呈现如下特征：

（1）安全风险区域分布分化明显

安全风险较高和较低区域分布相对集中。整体而言，高安全区域集中分布在中部琅琊山、皇甫山、神山、老嘉山以及西部的凤阳山等山体区域，低安全区域集中分布在凤阳山南部以盐矿、石膏矿为主的塌陷区以及市域中部的局部滑坡带（图7-1）。

（2）生态安全格局分布类型多样

安全风险较低区域呈不规则带状（女山湖、凤阳山山脉）、面状（东部天长市）等分布类型。安全风险较高区域呈现点状分布（凤阳山南部以盐矿、石膏矿为主的塌陷区）。

（3）生态安全网络分布东西不平衡

以江淮分水岭为界限，东部生态安全网络包括凤阳山山脉、淮河、池河等生态廊道，西部包括白塔河、滁河、金牛湖等生态保育区，尚未形成市域尺度上的环状格局。

表7-1 滁州市生态安全格局统计表

类别	低安全区	较低安全区	中安全区	较高安全区	高安全区	总面积
面积/km²	163.14	560.20	3 906.24	6 468.50	2 401.65	13 499.73
比例/%	1.21	4.15	28.94	47.91	17.79	100

资料来源：作者整理

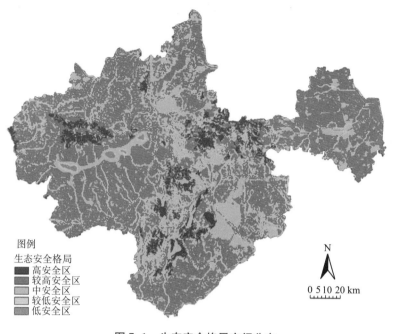

图例

生态安全格局

- 高安全区
- 较高安全区
- 中安全区
- 较低安全区
- 低安全区

N

0 5 10 20 km

图 7-1 生态安全格局空间分布

资料来源：作者自绘

7.3 国土空间生态修复重点区域与主要任务

本节基于安全格局与要素识别，提出国土空间生态网络结构，主要目的为优先确定生态修复与保育等重要生态区域，并以此为根据落实生态发展轴、生态走廊等核心生态廊道以及重要生态修复节点。

7.3.1 生态网络空间结构

生态网络空间结构为"一轴四带六区、十核多廊七城"（图 7-2）。"一轴"是江淮分水岭，位于市域中部，贯穿明光、来安、南谯、琅琊、全椒，是滁州市重要的生态保育区；"四带"是淮河、池河、白塔河、滁河生态带；"六区"是依据滁州市生态区特征划分的 6 个生态功能特区；"十核"分别为依托琅琊山、皇甫山国家级森林公园形成市域中部的生态保育区和生态景观区，依托全椒县神山国家级森林公园形成市域南部的生态保育区和生态景观区，依托凤阳山和定远县石膏和石盐矿造成的塌陷带形成市域西部生态修复治理区，依托凤阳县城和花园湖形成文化发展区和生态保育区，依托明光市女山湖形成市域北部生态保育区，依托明光市老嘉山国家级森林公园和来安县白鹭岛省级森林公园形成生态景观区，依托天长市东部高邮湖、中部红草湖湿地公园形成生态保育区和文化发展区，依托天长市南部金牛湖形成生态景观区，依托来安县东部池杉湖湿地公园形成生态景观区，依托南谯区形成的黄圩湿地生态景观区；其中金牛湖生态景观

城乡生态与环境规划

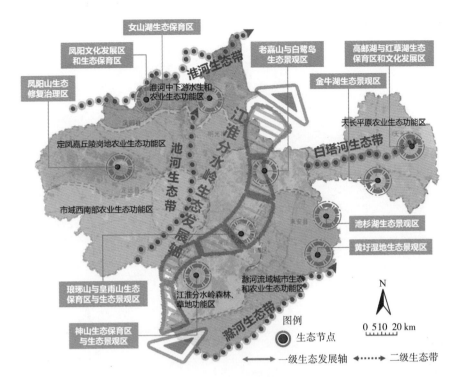

图 7-2 生态网络空间结构图

资料来源：作者自绘

区、高邮湖与红草湖生态保育区和文化发展区、池杉湖生态景观区和黄圩湿地生态景观区将与南京江北新区充分对接，作为区域生态廊道上的重要节点，提高与南京都市圈生态功能板块之间的连通性；"多廊"指多条支流水系生态廊道、道路及基础设施生态廊道等，其中水系分别为凤阳县境内的淮河支流水系，定远县境内池河支流水系，天长市境内白塔河、铜龙河等，以及铁路、公路、高压走廊形成的防护绿化廊道。

7.3.2 生态网络空间保护格局

结合空间规划整合各类土地资源，建立市域生态资源要素的空间联系，形成由重要生态斑块、关键生态廊道等空间要素共同构建的国土空间生态网络空间结构识别图（图7-3）。

重要生态斑块主要包括自然保护区、国家森林（地质）公园、重要湖库区等生态系统服务高值区。

关键生态廊道主要包括生物廊道、河流水系廊道等自然系统连接为主的功能型生态廊道以及文化景观风貌廊道、交通廊道等支持型生态廊道。

通过对国土空间生态网络结构进行构建并识别，与城市建设用地相结合，以生态连接为核心手段，形成国土空间生态保护格局（图7-4）。具体划分为低、中、高三个等级，其中低等级主要分布在琅琊山、凤阳山、皇甫山等山体绿地以及女山湖、高邮湖等湖体湿地，占比6.41%；中等级主要分布在城市除山体水域、城市建成区外大部分区域，占比 61.76%；高等级区域主要分布在各城市建成区，占比 31.83%。

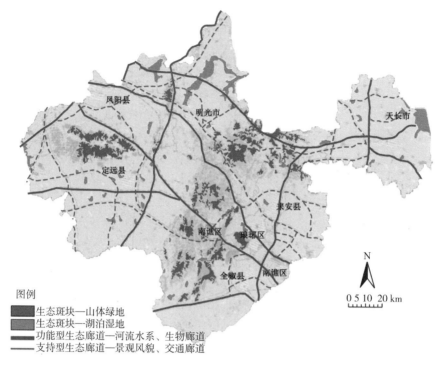

图 7-3　生态网络空间结构识别图

资料来源：作者自绘

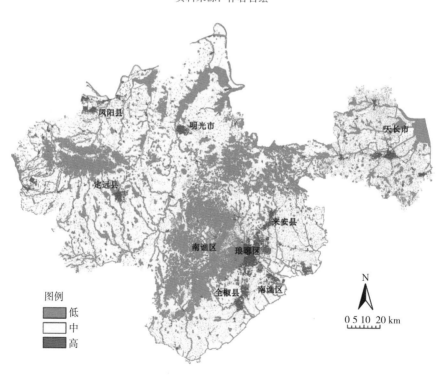

图 7-4　国土空间生态保护格局空间分布图

资料来源：作者自绘

7.3.3 国土空间生态修复区域及主要任务

按照实施乡村振兴战略、新型城镇化建设与生态文明建设总体要求，遵循"山水林田湖草生命共同体"理念，根据资源环境承载力和国土空间开发适宜性评价结果，选择生态系统破损退化严重、生态产品供应能力显著下降区域，逐步形成滁州市生态修复格局"两屏三廊三区五点"（图7-5）。"两屏"指凤阳山山脉及江淮分水岭地区的山地丘陵森林生态修复保护屏障；"三廊"指滁河、白塔河、池河水生态系统修复廊道；"三区"指淮河下游湖泊湿地修复区域、滁河平原圩水网湿地修复区域、天长湿地保护修复区域；五点是指凤阳山南部以盐矿、石膏矿为主的地面塌陷区、定远县的能仁—定城矿山、来安县的独山—半塔矿山、天长市的郑集—金集矿山、南谯区的施集—珠龙矿山等矿山地质环境生态修复点，进而针对滁州市国土空间生态修复重点区域，提出生态修复的主要目标、任务及相应措施（表7-2）。

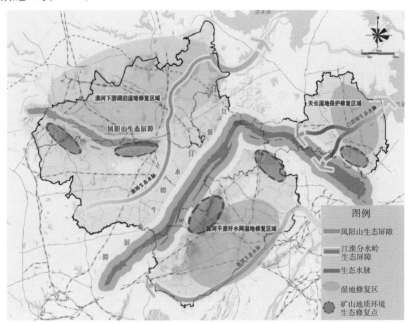

图7-5 国土空间生态修复格局图

资料来源：作者自绘

表7-2 国土空间生态修复区域及主要目标任务

重点区域	主要修复目标	国土空间生态修复主要任务
森林生态系统的修复与保护区	水源涵养功能提升	应加大天然林保护力度，促进森林生态自我修复，提高林分质量，增强水源涵养和水土保持功能；全面开展中幼林抚育，加快低质低效林分改造，优化林分结构，稳定森林生态系统；加快对退化防护林和残次林的修复
	水土保持功能提升	
	生物多样性保护	

重点区域	主要修复目标	国土空间生态修复主要任务
矿山地质环境生态修复区	生态功能修复重建	① 开展塌陷地治理。采用新建公园、造地种植、养殖的模式，对于宜开发的区域，通过新建公园，为周边居民提供良好的休闲场所。对于塌陷程度较浅区域，采用挖深垫浅方法，用在较深处挖出的泥土充填开采沉陷较小的地区，使其成为可种植的耕地、林地，对较深处进行塘底整平，并修建进、排水沟，将其建设为精养鱼塘等 ② 露天采场的生态修复治理。采取清废回填、加固回填、植被绿化、挖深垫浅以及削坡减载等治理措施，将废弃采石场恢复为林地、建设用地
河湖等水生态修复区	雨洪调蓄功能修复	开展重要河流的水环境修复，改善河流水质及水景观；实施以小流域为单元的河湖库塘等湿地体系修复，削减面源污染；实施河湖水系连通，维系和增强河湖的水力联系、维护良性的流域水循环关系；保障水体生态水量，满足滁州市重要河流的生态基流，提高常年有水的河道比例，恢复河流自然生境
	面源污染削减功能修复	

资料来源：作者整理

第8章

淮北市南湖国家湿地公园空间可持续调研

城市湿地公园是一种独特的公园类型，是指纳入城市绿地系统规划、具有湿地的生态功能和典型特征，以生态保护、科普教育、自然野趣和休闲游览为主要内容的公园。南湖作为国家级的湿地公园，是淮北的"掌上明珠"，其保存着多种自然植被片段，且动物生物多样性非常高，对于维护城市生态系统稳定具有重要意义。

8.1 调研背景

安徽省淮北市是煤炭资源型城市，长期煤炭开采带来大量的废弃矿山和采煤沉陷区，产生了一系列生态环境问题。随着淮北生态修复试点市建设，大量的废弃矿山和采煤沉陷区得到生态修复治理，淮北市从煤城转向"绿城"。淮北市采煤沉陷区主要位于南湖片区，南湖国家湿地公园是一个由采煤塌陷区改造的湿地公园，2005年被原建设部批准为国家级湿地公园，成为淮北的"掌上明珠"。本章以南湖国家湿地公园为例，通过实地考察、调查咨询、大数据分析、GIS空间分析等手段，从生态、经济和社会三个方面调研南湖国家湿地公园的空间可持续状况，通过问卷调查分析居民满意度，运用数理模型分析公园建设成效与吸引力，最后提出优化建议，以期为南湖国家湿地公园可持续发展和资源型城市生态修复建设提供借鉴。

通过预调查问卷得到南湖国家湿地公园吸引游客的原因（图8-1），以及对定位在"南湖国家湿地公园"周边的微博进行词云图分析，发现南湖公园在采煤沉陷区的基础上建设已有初步成效，市民对采煤沉陷区印象有所改观（图8-2）。在国土空间生态修复的战略背景下，如何从城市空间的角度实现资源型城市的转型、实现城市空间的可持续性具有重要意义，因此，调研的问题及目标如下：南湖国家湿地公园在生态、经济和社会空间层面实现一定成效的基础上，如何更好地增加其可持续性？调研目的如下：从生态、经济和社会空间三个方面调研南湖国家湿地公园的可持续性，并提出优化建议。

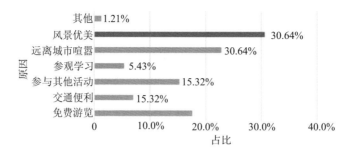

图 8-1　吸引游客游览南湖国家湿地公园原因

资料来源：作者自绘

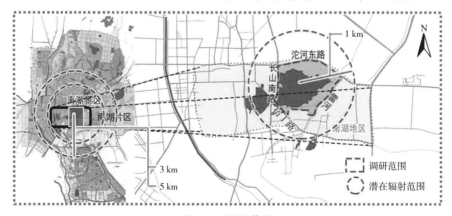

图 8-2　南湖国家湿地公园相关微博关键词云图

资料来源：作者自绘

8.2　调研设计

8.2.1　调研范围

南湖国家湿地公园为主要调查目标，北至沱河东路、西至长山南路、南至宿丁路、东至雷河，总面积约 4.5 km² （图 8-3）。周边联动效应采用大数据调研，半径距离约 5 km。

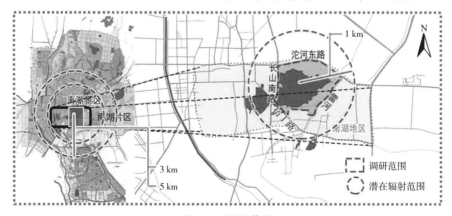

图 8-3　调研范围

资料来源：作者自绘

8.2.2 问卷调查

问卷发放地点为南湖景区范围、南湖景区周边 1 km 主要社区节点。问卷发放时间为 2020 年 6 月 6 日到 2020 年 6 月 10 日。针对游客对于公园游览的体验感、舒适度、游玩目的等方面对问卷进行设计并发放。分 5 次在研究区内进行问卷调查，共计获得问卷 137 份，其中有效问卷 120 份。人群特征中，28～49 岁占比最多，其人群结构包含附近居民、非附近的市民以及外地游客。其中在淮北居住 10 年及以上的人员占比达到 75％，基本满足此处调研过去游客对南湖公园认知的要求（图 8-4）。

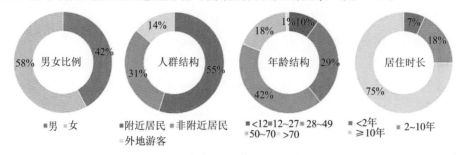

图 8-4　调查人群特征
资料来源：作者自绘

8.3　空间可持续性分析

可持续发展的空间持续特征要求人类在生态、经济、社会的发展过程中，注重维护空间系统的平衡、稳定和良性循环发展，除了满足在"时间上的可持续"和"资源优化上的可持续"，还应当满足在"空间持续上的持续"。

8.3.1　生态空间可持续

1. 生态空间的修复

南湖国家湿地公园由于煤矿的开采，经历了原始田园—局部塌陷—湖体填充—景观再造四个过程，已经实现地表水Ⅲ类水质标准，水生环境修复良好。

2. 内部绿地系统的完整性

南湖国家湿地公园积极建设以多级水系、绿色网络为骨架的复合生态系统，恢复并构建中央鸟岛，重整驳岸，形成斑块—廊道的交叉式绿地网络系统。在保护原有自然景观的基础上，充分发挥自然优势。

3. 与周边公园的连通性

周边半径 6 km 内的公园都有着得天独厚的自然条件，日照充足，雨水充沛；除南湖国家湿地公园自身这一巨大的生态景观系统外，还可以与周边城市公园等形成较为积极良好的生态循环联系，保持了其生态空间的可持续性；南湖国家湿地公园与周边的城市公园相互审连，形成了可能的潜在廊道，方便了周边及游客的观赏游玩，也为淮北塑造生态城市空间提供了发展的可能性。

8.3.2 社会空间可持续

南湖国家湿地公园建设的社会空间可持续性在于增加南湖片区的交通可达性和连通性，同时为游客和周边居民提供了活动空间。连续、公共的交通体系是"共享"的社会效益的重要表现之一，增强南湖国家湿地公园的可达性与连通性；南湖国家湿地公园内部完整的人群使用空间也能够激发南湖国家湿地公园的社会效益。

1. 连续、公共的交通体系

南湖国家湿地公园外部通过机动车系统和慢行系统增加可达性与连通性；内部通过自行车道、人行步道等交通系统贯穿公园内部游线，提高交通系统的可达性和连续性。但公园内部居民自行车禁止入内，导致公园内部空间连续性有待加强。

2. 公园内部完整的人群使用空间

南湖国家湿地公园内部人群使用空间主要分为观赏、娱乐、活动、游览、消费和游憩空间。周边交通系统的连通使得游客人流在三个主入口均匀分布；而周边居民则来自西北部集中分布的居住区。公园内部缺乏商业消费和座椅休闲空间。

8.3.3 经济空间可持续

采煤沉陷区修复仅具有生态性是不够的，在修复建设中往往要利用其独特的优势资源创造经济价值，才能保证采煤沉陷区修复为城市带来持久的经济效益。这种经济空间的可持续性体现在用地的合理配置、游客与周边经济消费设施的联系。

南湖国家湿地公园的生态修复，带动周边地区的建设，大量的居住区及商业配套为城市经济注入新活力。依靠南湖国家湿地公园与其他景点的联系，吸引了大量外来游客，且这些游客多会产生第二次消费（餐饮、购物、住宿等），为城市经济的可持续发展起到至关重要的作用。

8.3.4 居民满意度

居民对南湖国家湿地公园的修复建成的各方面影响，整体呈现积极、满意的态度。

南湖修复改变大，居民满意度高，提高周边交通品质，居民生活更加便捷，土地价值提升，经济发展明显，但公园内部的部分管理及运营存在问题，很大程度上影响居民的使用体验。及时修正问题，创造良好的休闲空间，才能使南湖国家湿地公园有更持久的生命力。

8.4　建设成效评价

通过前文的调查与分析，南湖国家湿地公园空间可持续建设得好与否是一个相对的概念。通过可获取的数据，以定性定量为原则，初步确定了南湖国家湿地公园建设成效评价指标体系，构建了 3 个一级指标和 11 个二级指标的建设成效评价指标体系（表 8-1）。

8.4.1　评价指标标准的确定

要素层中生态空间修复占湿地公园建设成效评价指标的权重最大，社会成效和经济成效权重相对较小；在指标层中，周边带动效应、群众保护意识和科普教育，这些指标是建设评价的重点。

表 8-1　湿地公园建设成效评价指标权重系数

一级指标	权重	二级指标	层次权重	总权重	总排序
生态空间修复	0.533	生物多样性保护	0.396	0.211	1
		地表水水质	0.298	0.159	2
		湿地面积变化	0.274	0.146	3
		水源补给状况	0.015	0.008	11
		湿地恢复	0.017	0.009	10
社会成效	0.251	群众保护意识	0.486	0.122	5
		区域知名度	0.044	0.011	9
		科学普及、宣传教育	0.470	0.118	6
经济成效	0.216	旅游人数	0.120	0.026	8
		收入支出比值	0.269	0.058	7
		周边带动效应	0.611	0.132	4

资料来源：作者整理

8.4.2　评价指标标准的确定

在专家咨询和资料查阅的基础上，结合一般采煤沉陷区形成的湿地公园的建设实际，将其空间可持续建设成效评价标准分为优、良、中、差和极差 5 个等级，结合调研情况，确定评价的各级标准（表 8-2）。

表 8-2　湿地公园建设成效评价指标标准

二级指标	级别				
	优	良	中	差	极差
生物多样性保护	物种种类和数量明显增加	物种种类和数量有一定增加	物种种类和数量略有增加	物种种类和数量没有明显变化	物种种类和数量减少
地表水水质	Ⅰ类	Ⅱ类	Ⅲ类	Ⅳ类	Ⅴ类
湿地面积变化	[10%，100%)	(0，10%)	0	(−10%，0)	(−100%，−10%]
水源补给状况	保证率[70%，100%)	保证率[60%，70%)	保证率[50%，60%)	保证率[40%，50%)	保证率(0，40%)
湿地恢复	方案科学合理，成效好	方案合理，成效较好	方案基本合理，正在实施	方案不合理，实施小部分	无方案，未实施
群众保护意识	强	较强	一般	较差	极差
区域知名度	全国有名	全省有名	全市有名	全县有名	基本无
科学普及、宣传教育	好	较好	一般	较差	未开展
旅游人数	高	较高	一般	较低	低
收入支出比值	高	较高	一般	较低	低
周边带动效应	好	较好	一般	较差	极差

资料来源：作者整理

8.4.3　评价结果

对无法定量的指标，采取方式是在实地调查、征询相关人员的建议后，人为确定其隶属度。根据指标现状值，按照隶属度计算方式，得出各指标的隶属度（表 8-3）。

表 8-3　南湖湿地公园建设成效评价现状值及数据来源

评价指标	现状值	数据来源	隶属度					
			优	良	中	差	极差	确定方法
生物多样性保护	物种种类和数量有一定增加	实地考察	0	0.75	0.25	0	0	人工赋值
地表水水质	Ⅲ类	文献	0	0	1	0	0	直接计算
湿地面积变化	0	文献和实地考察	0	0	1	0	0	直接计算
水源补给状况	保证率90%	实地考察	1	0	0	0	0	直接计算
湿地恢复	有合理方案，实施效果较好	实地考察	0	0.65	0.35	0	0	人工赋值
群众保护意识	较强	实地考察	0	0.75	0.25	0	0	人工赋值
区域知名度	淮北市有名	实地考察	0	0.65	0.25	0	0	人工赋值

评价指标	现状值	数据来源	隶属度					
			优	良	中	差	极差	确定方法
科学普及、宣传教育	中等	实地考察	0	0.75	0.25	0	0	人工赋值
旅游人数	较少	实地考察	0	0	0.35	0.65	0	人工赋值
收入支出比值	很少	文献	0	0	0.35	0.65	0	人工赋值
周边带动效应	较差	实地考察	0	0	0.25	0.75	0	人工赋值

资料来源：作者整理

根据以上的评价方法，对南湖国家湿地公园近期建设成效进行初步评价，得到模糊评价结果，按照最大隶属度原则，南湖国家湿地公园建设成效为"良"级。

第 9 章
合肥市主城区蓝绿空间冷岛效应及空间优化

中国城市化进程在过去四十年间得到了长足的发展，但对城市环境等因素的忽视，导致城市出现一些"城市病"，而城市热岛是最典型的表现之一。有学者将这种变化产生的原因和机理概况为，人对土地的利用和城市空间的改变使得地球表面产生变化，而这种变化对于区域的大气环境、边界层结构、气候状况都产生了广泛而深刻的影响，使得热岛效应加剧，而热岛效应的增强导致城市能源消耗增加，进而形成了一个恶性循环。

而在城市蓝绿空间对城市热环境的影响方面，以往的研究已经证实城市蓝绿空间在调节城市热环境、改善局部小气候、维持生态平衡等方面起着重要的作用，即"冷岛效应"。合理的城市蓝绿空间建设和规划蓝绿空间配置，可以有效地减少城市的热岛效应，并可以在生态效益上发挥更大的作用，可以提高城市的宜居性，是促进社会可持续发展、提高居民生活质量的重要保证。

9.1 研究区概况

研究区冷热廊道将以构建的冷岛潜力面为基础，构建出极冷区域和极热区域的最小成本的沟通廊道。研究区的冷岛潜力面和冷热廊道可以为城市蓝绿空间的建设与优化提供参考和建议。

9.1.1 研究区域概况

合肥市是安徽省的省会和长三角地区的副中心城市，市辖四区四县一县级市。合肥市属于亚热带季风性湿润气候，季风明显，四季分明，气候温和，雨量适中。本章的研究区域是合肥市的主城区，面积为 888.7 km² （图 9-1）。

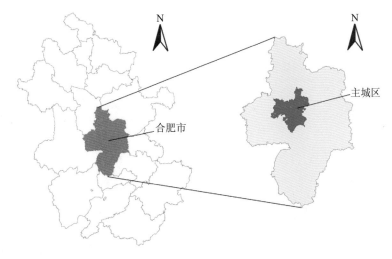

合肥市在安徽省的位置   主城区在合肥市域的位置

图 9-1 研究区区位图

资料来源：钱兆.合肥市主城区蓝绿空间冷岛效应及空间优化研究［D］.合肥：安徽建筑大学，2021.

9.1.2 合肥市蓝绿空间资源概况

1. 蓝色空间

合肥市区境内水资源较为丰富，拥有南淝河、十五里河、滁河、四里河、匡河等多条重要河流，其主要呈现出面积较小、分布较为零散的基本特征，境内巢湖是中国五大淡水湖之一。东西长 54.5 km，南北宽 21 km，水域面积约 770 km²，号称"八百里巢湖"，湖底海拔 5 m，湖水容量随水位高程的不同而不同，当水位高程达 14 m 时，湖水容量为 6.37×10^9 m³。合肥市内拥有两个重要的国家级湿地公园，分别为董铺水库湿地公园与滨湖湿地公园。作为合肥市区面积较大的绿色空间，董铺水库湿地公园与滨湖湿地公园是提高城市环境质量不可或缺的重要组成部分。

2. 绿色空间

截至 2018 年，合肥市林业用地面积达到 21.55 km²，农业用地面积达 818 336 hm²，建成区绿化覆盖面积达 20 210.24 hm²，其中公园绿地面积为 5 727.59 hm²。合肥市区绿地资源较为丰富，环城公园、天鹅湖公园、南艳湖公园、翡翠湖公园、庐州公园、植物园等是合肥市区重要的绿地公园，均呈现出面积较小而分布较为零散的分布特点。大蜀山森林公园是合肥市区面积较大的森林公园，是合肥市区绿地生态系统的重要组成部分。

3. 合肥市蓝绿空间现状评价

本研究采用的数据为 Landsat 8 OLI TIRS 卫星遥感影像，数据来源为空间地理数据云。在数据选取中，选取标准为云量小于 10%，根据筛选结果，最终决定选取 2018

第9章
合肥市主城区蓝绿空间冷岛效应及空间优化

年 4 月 10 日的合肥市遥感影像。研究区用地分类标准参照《土地利用现状分类》(GB/T 21010—2017)，将研究区土地利用分为耕地、林地、草地、水系、湿地、建设用地和裸地七大类，如图 9-2 所示，并通过人工目译进行数据的修改与校准。

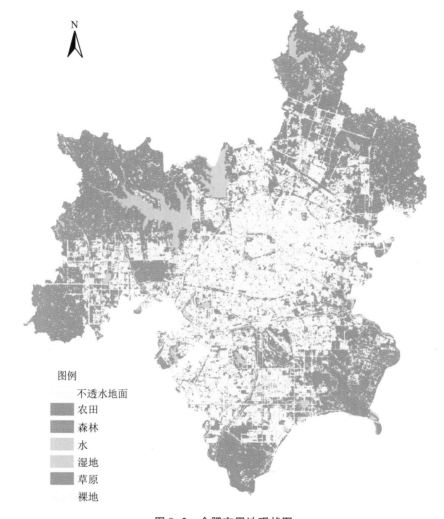

图 9-2 合肥市用地现状图

资料来源：钱兆. 合肥市主城区蓝绿空间冷岛效应及空间优化研究［D］. 合肥：安徽建筑大学，2021.

1）蓝绿空间现状评价

根据上述地表反演结果，选取研究所需的蓝绿空间斑块，将提取的合肥市蓝绿空间斑块分为林地、草地、农田、湿地和水系五种类型。本章利用景观格局指数的方法进行蓝绿空间的定量评价研究。景观格局指数是一种高度集中地区景观格局特点的探究办法，它能反映景观格局及内部空间结构的信息。

合肥市主城区现状蓝绿空间中斑块构成情况，如表 9-1 所示。合肥市主城区现状蓝绿空间用地总面积为 512.48 km²，其中林地 104.88 km²，占蓝绿空间总用地的20.5%；草地 32.7 km²，占蓝绿空间总用地的 6.4%；农田 229.79 km²，占蓝绿空间总用地的

44.8%；水系 99.32 km²，占蓝绿空间总用地的 19.4%；湿地 45.79 km²，占蓝绿空间总用地的 8.9%。

表 9-1　斑块构成表

类型	斑块数/个	斑块类型占比/%	景观面积/hm²	景观面积占比/%
林地	1 073	21.0	10 488	20.5
草地	538	10.5	3 270	6.4
农田	1 216	23.7	22 979	44.8
水系	2 095	40.9	9 932	19.4
湿地	200	3.9	4 579	8.9

资料来源：钱兆. 合肥市主城区蓝绿空间冷岛效应及空间优化研究［D］. 合肥：安徽建筑大学，2021.

蓝绿空间的整体特征可以用蓝绿空间的斑块大小来表示，研究区蓝绿斑块可分成 4 种类型：1 hm² 以下的小型斑块，1 hm²～10 hm² 的中型斑块，10 hm²～50 hm² 的大型斑块和 50 hm² 以上的巨型斑块。其中巨型、大型斑块在整个生态系统中占有着重要的地位，有着众多的生态功能，而小型、中型的斑块则有着补充作用，能够在各大型斑块间起着连接作用，并为城市提供景观价值。

根据表 9-2，在合肥市主市区，小斑块占总蓝绿色斑块面积的 6.1%，但数量最多，占 80.2%。中等斑块占蓝绿色斑块总面积的 11.4%，数量占 17.2%。大斑块占蓝绿色斑块总面积的 9.8%，数量占 2%。巨型斑块面积占蓝绿色斑块总面积的 72.7%，数量占 0.6%。

表 9-2　蓝绿空间斑块规模表

斑块类型	斑块数/个	斑块类型占比/%	面积/hm²	面积占比/%
小型斑块	10 318	80.2	32.8	6.1
中型斑块	2 219	17.2	61.3	11.4
大型斑块	256	2	52.5	9.8
巨型斑块	75	0.6	391.3	72.7

资料来源：钱兆. 合肥市主城区蓝绿空间冷岛效应及空间优化研究［D］. 合肥：安徽建筑大学，2021.

斑块规模的空间分布如图 9-3 所示。不同规模斑块的空间分布有很大差异。其中，小型斑块数量最多，但分布分散，总面积较小，它们主要分布在城市的各个地方，主要存在形式是池塘水面。大型斑块和巨型斑块虽然数量较少，但占据了大部分区域，且主要分布在研究区的西北部和东南部，主要为水库和公园等大型自然生态资源。

从上述蓝绿空间斑块的空间分布格局可知，合肥市主城区的蓝绿空间格局为巨型和大型斑块为主、中型和小型斑块为辅的格局，同时不同斑块的数量及面积上的空间分布有着明显的区别并呈现出严重的失衡状态。

研究区中各类型蓝绿空间分布各不相同，本章以景观格局指数的方法分别分析林地、

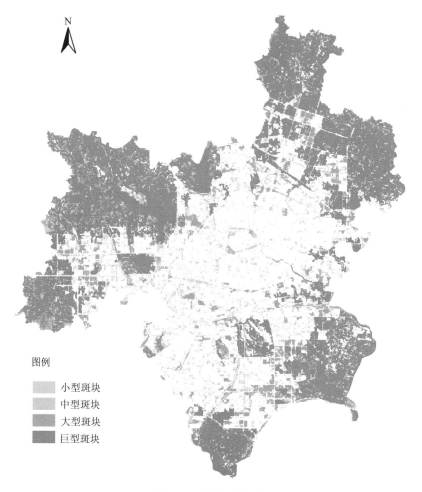

图例

小型斑块
中型斑块
大型斑块
巨型斑块

图 9-3　斑块规模分布

资料来源：钱兆. 合肥市主城区蓝绿空间冷岛效应及空间优化研究［D］. 合肥：安徽建筑大学，2021.

草地、农田、水系和湿地的斑块空间分布。各类型蓝绿空间斑块空间格局如表 9-3 所示。

表 9-3　各类型蓝绿空间斑块空间格局表

类型	斑块数/个	斑块类型占比/%	形态指数	平均斑块面积/km²
林地	1 073	21	95.744 6	0.12
草地	538	10.5	53.538 3	1.44
农田	1 216	23.7	75.725 4	0.54
水系	2 095	40.9	86.491	0.33
湿地	200	3.9	65.062 8	3.15

资料来源：钱兆. 合肥市主城区蓝绿空间冷岛效应及空间优化研究［D］. 合肥：安徽建筑大学，2021.

由表 9-3 的各类型蓝绿空间斑块空间格局可以得知,在合肥市主城区的蓝绿空间中水系面积最大,占总斑块数的 40.9%。其次是农田,占总斑块数的 23.7%,林地、草地和湿地分别占 21%、10.5% 和 3.9%。而斑块破碎化程度方面,林地斑块破碎化程度最高,平均斑块面积仅为 0.12 km²;湿地斑块破碎化程度最低,平均斑块面积为 3.15 km²;研究区不同斑块类型的破碎化程度为林地>水系>农田>草地>湿地。从上述研究可知,研究区的破碎化程度高,抗干扰程度低,易受人类活动干扰。

9.2 冷岛潜力面指标体系的构建

9.2.1 冷岛潜力面指标体系

在城市蓝绿空间冷岛强度的研究中,得到城市冷岛强度预测模型表达式:

$$UCI = -37.048 - 0.181MD - 0.007BD - 0.027AD + 0.139RD -$$
$$0.024JM + 0.762LD + 0.493SY - 0.087BT \tag{9-1}$$

式中,UCI 为冷岛强度,MD 为 M 类用地占比,BD 为 B 类用地占比,AD 为 A 类用地占比,RD 为 R 类用地占比,JM 为平均建筑密度,LD 为绿地占比,SY 为水域占比,BT 为不透水地面占比。

在城市蓝绿空间冷岛扩散的研究中,得到城市冷岛扩散预测模型表达式:

$$UCD = 3.232 + 0.007LD + 0.443SY + 0.689LSI - 0.294WBSY +$$
$$0.117WBLD - 0.197WBBTS \tag{9-2}$$

式中,UCD 为冷岛扩散,LD 为绿地面积,SY 为水域面积,LSI 为形态指数,$WBSY$ 为外部水域面积,$WBLD$ 为外部绿地面积,$WBBTS$ 为外部不透水地面面积。

指标权重的确定基于上述研究中的表达式中的标准化系数而确定,将指标权重进行标准化处理后得出确定指标体系中的权重体系。冷岛潜力面指标体系及权重如表 9-4 所示。

表 9-4 冷岛潜力面指标体系及权重表

指标类型	指标名称	权重
正面指标	绿地面积	0.57
	水域面积	0.74
	形态指数	0.38
负面指标	建筑密度	0.0
	城市功能	0.14
	地表覆盖类型	0.27
	不透水地面面积	0.22

资料来源:钱兆. 合肥市主城区蓝绿空间冷岛效应及空间优化研究 [D]. 合肥:安徽建筑大学,2021.

9.2.2 冷岛潜力面构建

1. 指标赋值

将研究区内的各类指标按照标准进行赋值，赋值范围为 1～10，各指标的赋值标准参照前人的研究以及上述研究的结果共同进行，赋值结果如表 9-5 所示。

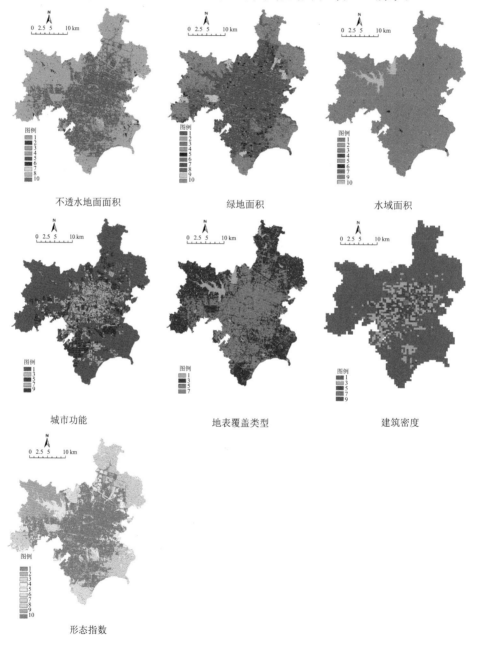

不透水地面面积　　　　　　　　绿地面积　　　　　　　　水域面积

城市功能　　　　　　　　地表覆盖类型　　　　　　　　建筑密度

形态指数

图 9-4　各指标赋值图

资料来源：钱兆. 合肥市主城区蓝绿空间冷岛效应及空间优化研究 [D]. 合肥：安徽建筑大学，2021.

表 9-5　各指标赋值表

指标名称	赋值									
	1	2	3	4	5	6	7	8	9	10
绿地面积/hm²	≤1	>1~3	>3~5	>5~10	>10~20	>20~50	>50~100	>100~200	>200~500	>500
水域面积/hm²	≤1	>1~3	>3~5	>5~10	>10~20	>20~50	>50~100	>100~200	>200~500	>500
形态指数	≤1	>1~2	>2~3	>3~5	>5~7	>7~10	>10~15	>15~20	>20~30	>30
建筑密度/%	≤10		>10~20		>20~30		>30~40		>40	
城市功能	其他		R类用地		A类用地		B类用地		M类用地	
地表覆盖类型	水域		绿地		裸地		不透水地面			
不透水地面面积/hm²	≤1	>1~3	>3~5	>5~10	>10~20	>20~50	>50~100	>100~200	>200~500	>500

资料来源：钱兆. 合肥市主城区蓝绿空间冷岛效应及空间优化研究［D］. 合肥：安徽建筑大学，2021.

如图 9-4 所示，指标赋值中正面指标中的绿地面积和水域面积的高值主要分布在城市的边缘区，形态指数的高值则主要分布在城市中心区；负面指标的建筑密度、地表覆盖类型和不透水地面面积的高值主要分布在城市中心区，城市功能的高水平值主要分布在城市中心区，但其最高值则分布于城市中心区的外围与城市边缘区交界的地方。

2. 冷岛潜力面构建

通过将上述的 7 类指标相叠加，并按照表中的权重进行加权计算，得出合肥市主城区的冷岛潜力评价结果，并将其按照下述表中的标准进行重分类，进而生成合肥市主城区的冷岛潜力面，如图 9-5 所示。

如图 9-5 所示，合肥市主城区的冷岛高潜力值主要集中在城市的边缘地带，水域和绿地集中区，同时城市河流形成的冷岛高潜力区被合肥市主城区中心的建成区所打断，联系较差。

合肥市主城区的冷岛低潜力值区域主要集中在城市的建成区，多数位于中心区域，其中潜力值为 1，即潜力指数计算小于 0 的地区，占地 13 255.7 hm²，约占研究区 15% 的面积，主要为合肥市主城区的工业集中区和商业集中区。这些区域的冷岛潜力受到工业集中区和商业集中区的人们的高频率生产生活行为的影响，生产活动伴随的大量能源的消耗产生了大量热量，并且这些区域已经形成大面积不透水地面，导致其对太阳热量有着较强的吸收能力，但缺乏将这些能量散发的能力，导致热量在这些地区大量集聚，产生热岛的集聚现象。

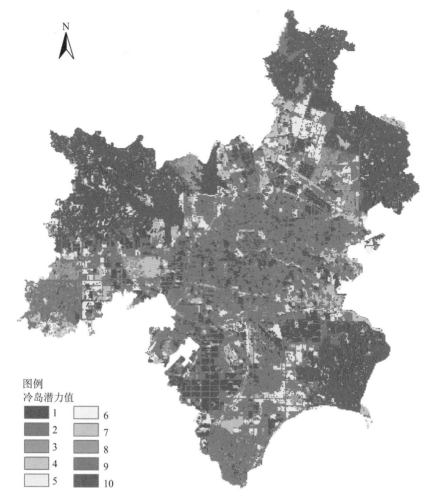

图例
冷岛潜力值

■	1	□	6
■	2	▨	7
■	3	▨	8
▨	4	■	9
□	5	■	10

图 9-5　合肥市主城区冷岛潜力面图

资料来源：钱兆. 合肥市主城区蓝绿空间冷岛效应及空间优化研究［D］. 合肥：安徽建筑大学，2021.

9.3　基于冷岛效应的合肥市蓝绿空间优化研究

上述的研究已经构建出研究区的冷岛潜力面，本节将以此为基础，构建研究区的冷热廊道并明确廊道建设建议，提出蓝绿空间建设方案。

9.3.1　冷热廊道的构建

1. 冷热廊道构建

为探究合肥市主城区的冷热区域的重要联系廊道，基于上文得出的合肥市主城区的冷岛潜力面，利用连接廊道识别的方法中最常用的最小耗费阻力模型来构建合肥市主城区冷热廊道。

选取本章城市的强冷岛区域作为路径起点，强热岛区域作为路径终点，利用ArcGIS软件中的成本距离和成本路径工具构建合肥市主城区冷热廊道。合肥市主城区潜在冷热廊道如图9-6所示。

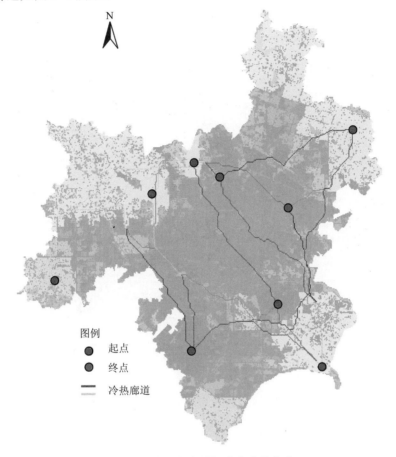

图9-6 合肥市主城区潜在冷热廊道

资料来源：钱兆. 合肥市主城区蓝绿空间冷岛效应及空间优化研究［D］. 合肥：安徽建筑大学，2021.

如图9-6所示，合肥市主城区冷热廊道穿过城市的主要为延河流等现有蓝绿空间为基础形成的廊道，城市中心区廊道主要为以南淝河、环城河等为自然本底形成的廊道。

2. 廊道整合及等级划分

上述中由最小耗费阻力模型构建的潜在廊道中，有部分廊道存在着相近和重合现象，本节将上述廊道进行整合并根据其重要程度划分为二级廊道，廊道整合及划分如图9-7所示。

由图9-7可知，合肥市主城区共构建11条冷热廊道，其中一级廊道5条，二级廊道6条，一级廊道主要为多条潜在廊道重叠相交并联系冷热区域的廊道，二级廊道多为联系一级廊道的廊道。

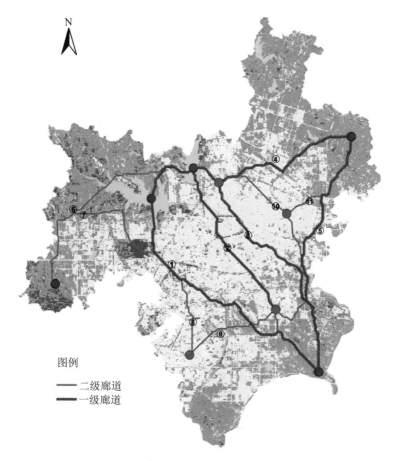

图 9-7　合肥市主城区冷热廊道划分图

资料来源：钱兆. 合肥市主城区蓝绿空间冷岛效应及空间优化研究［D］. 合肥：安徽建筑大学，2021.

9.3.2　冷热廊道建设

城市冷热廊道的建设有利于城市冷热区域的冷热交互，构建完善的连接廊道体系可以保证城市冷热交互的完整性和连续性，促进能量的迁移流动，优化总体热环境。通过对比冷热廊道和合肥市用地布局，可见冷热廊道大部分与城市的河流、绿地相吻合。

为强化和保护廊道的生态功能，建议针对廊道周边一定范围内的空间进行管控，建设廊道管控区，具体管控宽度如表 9-6 所示。针对管控区内已被破坏而损失生态功能的区域，应进行修复恢复其生态和冷热交互的功能；管控区内存在的建设用地，应适当的控制建设面积，减少其对廊道的影响，同时也应该避免因城市经济活动对廊道及其管控区进行大规模的破坏活动；廊道的建设不仅应考虑其生态功能，也应该在结合城市功能的情况下进行建设，如可将廊道建设为城市的景观休闲区，建设游憩设施及科普教育设施等，为人们提供休闲游憩及科普教育功能。

表 9-6　廊道及建议建设宽度表

序号	等级	沟通区域	建议建设宽度
1	一级廊道	董铺水库、大蜀山、大圩湿地等	建议 100 m 绿带，部分区域以河流、道路为界
2	一级廊道	大房郢水库、环城公园以及包河区等	建议 100 m 绿带，部分区域以河流、道路为界
3	一级廊道	大房郢水库、环城公园、南淝河等	建议 100 m 绿带，部分区域以河流、道路为界
4	一级廊道	董铺水库、大房郢水库以及新站区等	建议 100 m 绿带，部分区域以河流、道路为界
5	一级廊道	巢湖、大圩湿地以及新站区等	建议 100 m 绿带，部分区域以河流、道路为界
6	二级廊道	宜港、董铺水库等	建议 50 m，以城市防护绿地为界
7	二级廊道	宜港、大蜀山等	建议 50 m，以城市防护绿地为界
8	二级廊道	经开区、1 号廊道等	建议 50 m，以城市防护绿地为界
9	二级廊道	经开区、1 号廊道和包河工业园区等	建议 50 m，以城市防护绿地为界
10	二级廊道	4 号廊道、新站区、5 号廊道等	建议 50 m，以城市防护绿地为界
11	二级廊道	10 号廊道和 5 号廊道	建议 50 m，以城市防护绿地为界

资料来源：钱兆. 合肥市主城区蓝绿空间冷岛效应及空间优化研究［D］. 合肥：安徽建筑大学，2021.

9.3.3　冷岛弱潜力区域整治建议

上述研究显示合肥市主城区的冷岛弱潜力区约占研究区 15% 的面积，主要为合肥市主城区的工业集中区和商业集中区（图 9-8）。这些区域的冷岛潜力为负值，极易在这些地区形成热量的集聚，形成热岛效应，危害人民的健康。

为增强弱潜力区的冷岛潜力，缓解区域热岛效应，保护人民的生命健康，本节提出以下建议以期为弱潜力区的建设和整治提供参考：

① 增加弱潜力区的绿色和蓝色空间面积。由于弱潜力区大部分为已建成区域，大规模的蓝绿空间建设并无可行性，因而见缝插绿成为较为可行的策略，如利用修建屋顶绿地等方式，打破区域的热岛集聚，缓解热岛效应。

② 建设冷热廊道，连接弱潜力区和强潜力区，增加弱潜力区和强潜力区的冷热交互。

③ 研究区的弱潜力区已经形成了多处集聚区，针对这些集聚区应采取重点整治的方法，在这些区域的蓝绿空间应具有较高的优先级。

④ 可以结合城市通风廊道、城市生态网络的建设进行整治建设。

9.3.4　蓝绿空间建设建议

本节基于研究与分析，针对合肥市现状的蓝绿空间分布格局，从蓝绿空间的冷岛效应角度出发，提出以下建议，以期为未来合肥市城市蓝绿空间的优化和建设提供参考：

① 城市功能方面，工业用地对城市的冷岛效应的副作用最为强烈，集中的工业用

图 9-8 冷岛弱潜力区及重点整治区图

资料来源：钱兆. 合肥市主城区蓝绿空间冷岛效应及空间优化研究［D］. 合肥：安徽建筑大学，2021.

地应远离城市中心区，同时应增加工业集中区的绿化，打破其热岛集聚现象。

②　城市建筑方面，密集的建筑会导致较强的热岛效应，建议在密集建成区，见缝插绿，增加点状绿地，缓解其效应。

③　蓝绿空间类型中，"绿地＋水体"类型强于单独绿地或水域，建设过程中应更多地建设"绿地＋水域"类型，不仅可以强化其冷岛效应，也有利于景观的塑造。

④　蓝绿空间形态中，增加蓝绿空间的形态指数可以加强其冷岛效应，建设中应注意形态复杂度，同时出于成本等考虑形态指数应尽量控制在 7 以内。

⑤　蓝绿空间规模的增加可以加强其冷岛效应，建设中应在条件允许的情况下加大蓝绿空间的规模，但不宜大于 100 hm²。同时在利于节约土地资源的情况下，可以尝试垂直绿化及屋顶绿化以增加绿量。

⑥　蓝绿空间的外围的绿地可以加强其扩散范围，建设中应考虑蓝绿空间的系统性和连接性，构建生态网络，使之能够相互影响。

第 10 章
太湖县寺前镇乔木寨村实用性村庄规划（2021—2035 年）

乡村振兴规划战略是党的十九大作出的重大决策部署，乡村振兴是保障乡村振兴战略全面实施的重要举措，是新时代"三农"工作总抓手。2019 年 5 月，中共中央、国务院《关于建立国土空间规划体系并监督实施的若干意见》（中发〔2019〕18 号）明确指出：村庄规划作为详细规划，是国土空间规划体系的重要组成部分，也是开展国土空间开发保护活动、实施国土空间用途管制、核发乡村建设项目规划许可、进行各项建设等的法定依据。同时，村庄规划编制指南明确了村庄规划编制深度，规范了村庄规划编制内容体系。

10.1 规划背景

为全面贯彻中共中央、国务院《关于建立国土空间规划体系并监督实施的若干意见》（中发〔2019〕18 号），落实中央农办、农业农村部、自然资源部、国家发展改革委、财政部《关于统筹推进村庄规划工作的意见》（农规发〔2019〕1 号），自然资源部办公厅《关于加强村庄规划促进乡村振兴的通知》（自然资办发〔2019〕35 号），安徽省自然资源厅《关于做好村庄规划工作的通知》（皖自然资规划函〔2019〕589 号），安徽省自然资源厅《关于开展村庄规划试点工作的通知》（皖自然资函〔2020〕5 号），以及省、市相关工作部署，编制好用、管用、实用的"多规合一"村庄规划，指导乡村建设、乡村治理和振兴发展，太湖县城西乡人民政府依据相关文件要求开展村庄规划编制工作。对太湖县寺前镇乔木寨村进行实用性村庄规划有利于厘清当地的发展思路、统筹资源、优化乡村地区"三生"空间，促进乡村振兴。

10.2 乔木寨村目标定位与发展策略

10.2.1 村庄分类与分级

1. 村庄分类
按照《安徽省村庄规划编制工作指南（试行）》的划分标准，结合村庄区位条件与经济社会发展现状，乔木寨村被定为集聚提升类村庄。

2. 村庄分级

1）中心村

中心村有汤畈组、中心组、陈畈组。

2）保留的居民点

保留的居民点有中心组、汤畈组、胡屋组、新屋组、陈畈组、竹园组、阮屋组。

3）远期部分拆并居民点

远期部分拆并居民点有乔木组、许河组、石井组。

4）近期部分拆并居民点

近期部分拆并居民点有邓冲组、刘冲组、叶家组。

10.2.2　目标定位

1. 总体定位

基于现状分析，按照特色保护的村庄分类，秉承可持续发展原则，通过整合村庄关键性要素，将乔木寨村打造为以红色景点和原生态景观为底色，以乡土生活为主色，以田园综合体为特色，集"红色旅游、田园体验、休闲度假"为一体，红绿相映的生态旅游型村庄。

2. 形象定位

红色青峰岭、生态乔木寨。

3. 发展目标

1）总目标

农旅与文旅融合发展，国土空间集约高效，"三生"空间有效管控，公共设施配套完善，人均环境全面提升，农民收入显著提高，打造为生态舒适、美丽宜居、充满活力的乡村，尽显农村自然之美、文化之美、生产之美。

2）近期目标

用3～5年时间，将乔木寨村及周边区域建设成为安徽省省级乡村旅游示范村，安徽省乡村振兴示范基地，以及太湖县红色、生态旅游目的地。

10.2.3　村庄人口规模预测

现状乔木寨村户籍人口总量为 2 280 人，近期自然增长率 6.1‰（安庆市统计年鉴数据），机械增长率－1.9‰；远期自然增长率 3.5‰，机械增长率－1‰。本次规划乔木寨村人口规模计算如下：

$$Q_t = Q_0 \times (1+r)^t \qquad (10-1)$$

式中：Q_t —— 目标年村庄人口总规模；

Q_0 —— 基期年总人口；

r —— 人口自然增长率加机械增长率；

t —— 规划年限。

近期（2025 年）人口 $=2\,280 \times (1+6.1‰-1.9‰)^4 = 2\,318$ 人

远期（2035 年）人口 $=2\,318 \times (1+3.5‰-1‰)^{10} = 2\,376$ 人

表 10-1　人口规模预测表

村庄人口	增长率/‰	人口数/人
户籍人口	3.5（自然增长率）	2 376
	1（机械增长率）	
产业引入		170
旅游接待		300
总计		2 846

资料来源：太湖县寺前镇乔木寨村实用性村庄规划（2021—2035 年）

据以上人口预测方案，考虑到未来乔木寨乡村振兴以及旅游发展对人口吸引力带动的积极作用不断增强，取 2035 年实际管理人口规模约为 2 846 人来配置，如表 10-1 所示。

10.2.4　村庄指标体系预测

规划落实目标定位，健全安全、创新、协调、绿色、开放、共享六大理念，构建指标体系 12 项指标，其中核心约束指标 3 项，预期性指标 9 项（表 10-2）。

表 10-2　村庄指标体系表

类别	指标	规划基期值	规划目标值	变化量	指标性质
村庄发展	户籍人口规模/人	2 280	2 376	96	预期性
	户均宅基地面用地标准/（m²·户⁻¹）	367	160	207	预期性
	人均村庄建设用地面积/（m²·户⁻¹）	145	115	30	预期性
国土空间保护	耕地保有量/hm²	190.30	215.31	25.01	约束性
	永久基本农田保护面积/hm²	221.79	221.79	0	约束性
国土空间开发	建设用地总规模/hm²	34.20	34.89	0.69	约束性
	村庄建设用地规模/hm²	34.20	34.89	0.69	预期性
	规划留白用地/m²	0	0.68	0.68	预期性

类别	指标	规划基期值	规划目标值	变化量	指标性质
人居环境整治	户用卫生厕所普及率/%	—	100	100	预期性
	生活垃圾收集处理率/%	—	100	100	预期性
	生活污水处理率/%	—	100	100	预期性
	饮水供水率/%	—	100	100	预期性

资料来源：太湖县寺前镇乔木寨村 实用性村庄规划（2021—2035 年）

10.3　村庄规划

10.3.1　国土空间总体布局

规划在全域保护的基础上，对土地利用总体规划确定的建设用地分布进行优化布局调整（表 10-3）。

表 10-3　村庄规划地类面积表

村庄规划地类			目标年（2035）	
			面积/hm²	占比/%
国土总面积			2 217.95	100.00
农用地	合计		2 165.8	97.65
	耕地		215.06	9.70
	园地		23.92	1.08
	林地		1 910.73	86.15
	其他农用地		16.09	0.72
建设用地	合计		34.89	1.57
	村庄建设用地	农村住宅用地	23.91	1.08
		公共设施用地	1.71	0.08
		工业用地	0.1	0.00
		仓储用地	0.02	0.00
		道路与交通设施用地	0.43	0.02
		公用设施用地	0.02	0.00
		绿地与广场用地	0.04	0.00
		留白用地	0.68	0.03
		特殊用地	0.83	0.04
		区域基础设施用地	7.15	0.32

村庄规划地类		目标年（2035）	
		面积/hm²	占比/%
其他土地	合计	17.26	0.78
	陆地水域	13.52	0.61
	其他自然保留地	3.75	0.17

资料来源：太湖县寺前镇乔木寨村 实用性村庄规划（2021—2035年）

10.3.2　国土空间用途管制分区

在《安徽省村庄规划编制技术指南（试行）》的基础上，结合《市县国土空间规划分区用途分类指南》等相关文件要求，划定乔木寨村"三区三线"，并制定用途分区管制规则（表10-4）。

严格按用途审批用地，不符合村庄规划确定用途的不得批准建设项目用地，严格控制农用地转为建设用地。村庄建设区要加强宅基地建房管控措施，严格落实"一户一宅"政策。

表10-4　用途空间管制表

用途分区	总量/hm²	空间管制	用途管制
生态红线	508.37	确定生态红线范围，不得随意占用	原则上按禁止开发区域的要求进行管理。严禁不符合主体功能定位的各类开发活动，严禁任意改变用途，严格禁止任何单位和个人擅自占用和改变用地性质，鼓励按照规划开展维护、修复和提升生态功能的活动。因国家重大战略资源勘查需要，在不影响主体功能定位的前提下，经依法批准后予以安排
永久基本农田保护区	221.79	基本农田精确落地，总面积不减少，质量不降低	严格用途管制，禁止建设占用，根据《中华人民共和国土地管理法》《基本农田保护条例》等法律法规相关要求严格执行
生态空间	1 981.62	不得随意占用，确需占用的应提出申请，按程序办理相关报批手续	原则上按禁止开发区域的要求进行管理。严禁不符合主体功能定位的各类开发活动，严禁任意改变用途，严格禁止任何单位和个人擅自占用和改变用地性质，鼓励按照规划开展维护、修复和提升生态功能的活动。因国家重大战略资源勘查需要，在不影响主体功能定位的前提下，经依法批准后予以安排
农业空间	201.00	不得随意占用，确需占用的应提出申请，按程序办理相关报批手续	① 严格控制农业空间内的农用地转用，严格控制各类开发建设活动占用、破坏；严格控制一般农业区的建设占用 ② 对质量等级较高的耕地、园地等农用地实行优先保护 ③ 禁止在农业空间内建窑、建房、采矿或者擅自挖沙、取土、堆放固体废弃物；禁止新建二类、三类工业及涉及有毒有害物质排放的工业④ 从严控制农业空间转为建设空间，经批准建设占用区内耕地，需按照"耕地占补平衡"原则，补充数量和质量相当的耕地

用途分区	总量/hm²	空间管制	用途管制
建设空间	34.20	确定村庄建设边界，划定宅基地面积和建设范围，明确规划新增、存量利用建设用地规模、减量用地的布局	① 确定村庄建设机动指标，引导建筑层数、高度和风貌；划定机动指标形式，基础设施和公共服务设施的内容和规模 ② 有序推进空心村整治和村庄整合，合理安排农村建设用地，优先满足农村基本公共服务设施用地需求。适度允许区域性基础设施建设、生态环境保护工程配套、生态旅游开发及特殊用地建设，严格控制开发强度和非农活动影响范围

资料来源：太湖县寺前镇乔木寨村实用性村庄规划（2021—2035 年）

10.3.3　耕地与永久基本农田保护

管制规则包括对生态用地、农用地和建设用地等不同用途土地的使用规则、管控要求，有条件的可列入准入负面清单。

1. 永久基本农田

寺前镇乔木寨永久基本农田保护任务为 221.79 hm²。

2. 耕地

现状耕地 190.30 hm²，规划期末耕地 215.89 hm²，耕地增加 25.59 hm²。

3. 耕地保护措施

1）建立严格的耕地保护目标责任制

建立严格的耕地保护目标责任制，增强各级领导对耕地保护的责任感。

2）完善耕地占补平衡机制

完善耕地占补平衡机制是耕地数量、质量并重管理的基本要求。

实施耕地先补后占的保护机制，除了保证补充耕地与被占耕地面积相等外，必须保证补充的耕地质量与被占的耕地质量相当。

3）提出耕地管控保护措施，严控各类建设用地占用

一般建设项目不得占用基本农田，重大建设项目不可避免需要占用的，须经严格论证和予以补划，并经国务院预审，按照法定程序报批用地。

4）加强建设性保护，全面提升耕地质量

结合基本农田划定、土地整治，以及农业"两区"建设和农田水利基本建设，加快推进高标准基本农田建设，加强耕地质量的提升与保护，落实占优补优。

5）提出激励性保护措施，提高耕地保护主动性

整合各类涉农资金，通过国家补偿机制的构建，创建耕地保护基金制度，扩大农民的收益，从而形成对农民的激励机制，加大耕地保护补偿力度，完成耕地保护的最终目的。

6）加强耕地质量监测评价工作

探索建立耕地质量等级更新评价制度，在土地变更调查的基础上，及时开展耕地质量评价，实现耕地质量动态更新，建立与土地变更调查相配套的耕地质量等级数据库。以土地整治示范工程、高标准基本农田建设为监测重点，扩大耕地质量等级监测范围，对建成的高标准基本农田须全部纳入监测范围，要会同环保部门加强土壤重金属污染动态监测和治理。

10.3.4 国土综合整治原则

国土综合整治原则主要包括以下内容：

①坚持"流域治理、技术可行、经济合理、环境协调"的原则，以提高土地资源可持续利用能力为根本出发点；

② 坚持发挥规划区生态承载功能，同时兼顾农业生产功能提升的原则；

③ 坚持从实际出发，充分与土地利用总体规划、水务规划、农业规划等相关规划相衔接的原则；

④ 坚持增加耕地数量与提高耕地质量相结合的原则；

⑤ 坚持"实事求是，因地制宜"的原则，利用现有基础设施条件，统筹发展，确保项目在工程技术上可行、经济上合理。

10.3.5 产业发展规划

1. 产业发展策略

1）第一产业

第一产业发展设施农业、有机农业，做强做优现代农业。

（1）整合农业资源，规模高效发展

依托大户企业形成四大基地：优质茶园、兰花培育基地、冬枣园、特色经果林种植。

（2）规模企业带动、塑造农业特色品牌

争取引进龙头企业，深入开展"三品一标"认证，线上积极培育发展农产品电商企业，线下同步组织参加各类农产品展销评选活动，不断扩大乔木寨村农产品的知名度和影响力，推动农产品生产和加工业品牌化发展。

（3）多主体参与、多业态打造

坚持合作社带动，创新合作发展方式。推广"龙头企业＋合作社＋农户"的模式，培育新型职业农民。目前乔木寨村茶厂与村级集体经济已有机结合。

2）第二产业

第二产业发展农产品加工、养殖，做精做美农产品加工业（绿色有机茶和野生山茶彰显特色）。

（1）打造生态工厂示范点

在展示服务区布置农产品加工观光、制作教学、生产体验服务功能，增加游客参与性。

（2）提升改造现有企业

对现状既有企业进行生产设备改造提升，对生产环境美化，设置观光便道并展示与销售产品，打造观光体验节点。

（3）企业参与、多方共建

基于一种商业模式方法，让企业参与，将城市元素与乡村结合，多方共建与开发，创新城乡发展，形成产业变革，重塑中国乡村的美丽田园。

（4）打造炒茶基地

在乔木寨村偏远村民组规划建设集中的炒茶基地，积极培育炒茶大户和职业农民，发展家庭农场。

（5）打造冷链物流中心

在乔木寨村田园综合体附近建设冷链物流基地。

3）第三产业

发展旅游服务业，利用乔木寨抗战和解放战争时期的红色堡垒，以及传统建筑、自然景观，发展乡村红色旅游。

4）产业融合

推动产业融合，依托一茶、一花、一古寨，打造生态乔木寨（图10-1）。

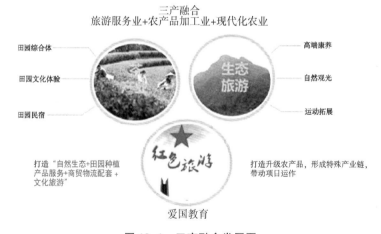

图 10-1　三产融合发展图

资料来源：太湖县寺前镇乔木寨村实用性村庄规划（2021—2035 年）

5）项目支撑

以"农业＋文旅＋社区"的综合发展模式建设寺前镇印象·乔木寨田园综合体项目，具体包括以下建设内容：

① 优质茶园：依靠乔木寨村优越的地理环境，贯彻落实"一村一品"政策，积极发展 200 亩优质茶园为村级集体经济主导产品。

② 兰花培育基地：已经完成兰花培育基地一期建设，培育兰花 20 000 盆。

③ 冬枣园：2017 年新建冬枣园 20 000 m²，2020 年起产生实际经济效益。

④ 特色经果林种植：计划一期特色经果林 6 666 m²，打造休闲、采摘一体的休闲无公害采摘专区。

⑤ 乡村大食堂：依靠现有保存完好的古民居建设，在此基础上修建乡村大食堂，配套乡村标准化旅馆房间五套，占地面积约 800 m²，营造优美的人居环境。

⑥ 家庭共享农场：休闲垂钓、林下养殖，供旅游家庭周末体验农家乐生活。

⑦ 农产品销售区：根据农副产品特点，根据分类，设置电商销售专区和柜面销售专区。

⑧ 别具风味的大棚休闲区：阳光、绿树、自助、烧烤农家乐休闲专区。

⑨ 农家田园：提供 1 333 m² 农家菜自耕自种专区，让游客体验日出而作、日落而息农村生活。

⑩ 旅游设施：新建旅游设施如天然游泳池、垂钓中心等，打造亲子活动专区；

⑪ 附属设施建设：停车场 1 000 m²，包含机动车专用停车位、非机动车专用停车位、旅游大巴车专用停车位。

⑫ 修缮游客服务中心办公楼：村级参与，聘用专职人员管理，设置餐饮、采购、休闲种植养殖、休闲娱乐等部门，为游客提供优质、全方面服务。

⑬ 建设标准化旅游公厕一座。

⑭ 附属设施建设：修建沥青旅游步道长，500 m、宽 4 m。

⑮ 附属设施建设：田园综合体范围内绿化、亮化工程。

⑯ 附属设施建设：新建休闲广场 500 m²，供游客在休闲期间畅聊、休憩。

2. 产业发展思路

产业发展思路如图 10-2 所示。

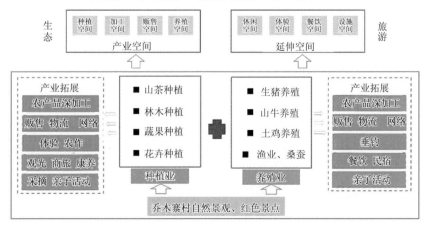

图 10-2　产业发展思路图

资料来源：太湖县寺前镇乔木寨村实用性村庄规划（2021—2035 年）

3. 产业发展模式

依托现状资源，打造"红色旅游＋田园体验＋休闲度假"主题，升级"农产品服务＋商贸物流"配套，形成特色产业链，带动相关项目运作，实现乡村产业振兴。

4. 产业空间布局

以观光、种植、养殖、红色旅游、休闲度假为主题，合理布局产业项目，盘活闲置用地，形成农商文旅综合一体的全域乡村旅游产业圈。整合现状、三产融合、"三生"共融，空间布局规划根据村域地形格局和原镇村体系现状，划分为"一心、两轴、四区"。

1）"一心"

"一心"指综合服务中心。

2）"两轴"

"两轴"指交通发展轴、产业发展轴。

3）"四区"

"四区"指田园种植体验区、红色旅游示范区、休闲度假区、生态观光区。

（1）生态观光区

生态观光区包括天然氧吧、山泉瀑布、湖光山色、森林徒步、丛林探险、山地骑行、野营基地等景点，规划保护现有自然景观，完善旅游服务配套设施，形成完整的森林生态观光旅游产业链。

（2）田园种植体验区

田园种植体验包括山茶种植基地、蚕桑养殖基地、兰花培育基地、蜜蜂基地、果蔬种植基地、田园采摘等。在现状多片茶园种植、养殖的基础上发展油茶、蜜蜂养殖、桑蚕养殖、经果林种植等，扩展田园采摘研学等项目。

（3）休闲度假区

休闲度假区包括田园观光、垂钓基地、农耕体验、农果采摘、农舍茶庄、农味美食、农家民宿等。结合乔木寨村入口现有的古祠堂、凉亭、田园综合体等，打造乔木寨村休闲康养度假基地。

（4）红色旅游示范区

旅游示范区包括青峰岭纪念广场、历史文化教育基地、爱国科普教育馆、生态科普教育。依托乔木寨、寨下托、青峰岭、老虎崄等历史文化景点，保护并完善配套设施项目，打造历史文化和爱国主义教育示范区。

10.3.6 公共服务设施规划

中心村按照实际需求选配 12 项基本公共服务设施，自然村选配 2 项公共服务设施。本次规划公共服务设施基本在现状基础上改造提升，大部分公共服务设施可以区域共享（表 10-5）。

1. 生活配套

结合乔木寨村庄规划特点，对照安庆市公共服务设施配套标准，构建农村社区生活圈，使得设施水平达到"500 m生活圈"建设标准。

2. 产业配套

综合考虑乔木寨村产业发展特点，采取分层分级配套。小型产业服务设施：依托特色农业，加强一、二、三产衔接，主要以茶种植、田园综合体以及乡村红色旅游为主。

3. 农业生产配套设施

农旅功能相结合，以500 m为服务半径，结合现状预留宅基地不小于6亩的建设用地，用于生产服务的看护房、农资农机具储存室，兼顾农业体验观光驻留。

表 10-5　规划公共服务设施表

村名组	规划公共服务设施
中心组	公共服务中心、幼儿园、卫生室、文化活动室、老年活动中心、健身活动场地（刚性配置）、乡村金融服务网点、停车场垃圾收集点、便民超市、农资店、公厕和邮政网点
汤畈组	
胡屋组	
许河组	健身活动场地（刚性配置）、便民超市、公厕、垃圾收集点
刘冲组	健身活动场地（刚性配置）、文化活动室、公厕、垃圾收集点
叶家组	健身活动场地（刚性配置）、垃圾收集点
新屋组	健身活动场地（刚性配置）、便民超市、公厕、垃圾收集点、老年活动中心
邓冲组	健身活动场地（刚性配置）、垃圾收集点
石井组	健身活动场地（刚性配置）、垃圾收集点
陈畈组	健身活动场地（刚性配置）、便民超市、公厕、垃圾收集点、老年活动中心
乔木组	健身活动场地（刚性配置）、便民超市、公厕、垃圾收集点、老年活动中心、文化活动室
竹园组	健身活动场地（刚性配置）、垃圾收集点
阮屋组	健身活动场地（刚性配置）、垃圾收集点

资料来源：太湖县寺前镇乔木寨村实用性村庄规划（2021—2035年）

10.3.7　基础设施规划

重点改善现有道路宽度和路面质量，打通断头路，设置休闲道，构建内联外通、主次分明的道路网体系。合理优化断面，设置山路回车点，解决山路窄、回车难问题。

1. 道路交通规划

1）对外交通

对外交通为X531田寺路，境内全长8.36 km，是太湖县、岳西县、潜山县的联系通道，也是景区旅游联系通道，规划提升路面质量及道路绿化。村庄道路：结合主要居民点建设和产业功能布局、村民出行需求等因素，以现状村村通道路为基础，形成"主次有序"的路网体系，有效衔接内外交通，路面宽度控制在 4～6 m。

充分利用现有道路提升改造，形成布局合理、功能完善、体系分明的道路网体系。

2）内部交通

（1）主要道路

修整道路质量，提升道路绿化，融入田园景观。

（2）次要道路

部分次要道路狭窄弯曲，建议拓宽路面宽度，道路两侧设置排水沟。

（3）步行道

建议宽度 1 m，结合村内产业发展，在农旅观光采摘体验区域规划形成体验其各功能及景观的复合型步行道路。

（4）交通设施

停车场规划结合产业发展新建 2 处公共停车场，其余建设地块按需配建停车位或规划生态停车场。结合现有的客运路线在入口田园综合体处设置 1 处客运停靠站。

2. 给水工程规划

1）规划原则

充分合理开发水资源，供水保证率达 100％，保护水源；实现联合供水和统一供水，减少盲目建设和重复建设现象；合理布置给水管网，提高供水的安全可靠性；近远期结合，给水工程规划适当超前，并留有一定的弹性，以适应将来的发展变化。近期实施与远期规划相结合，尽量利用现有的供水设施。规划保留并扩建现状水厂，提高自来水质量，远期提升供水能力。规划在现状基础上完善胡屋、汤畈等低地势供水管网，管径大小为 DN200，增加加压泵站。

2）用水量预测

用水量按远期规划人均日用水量 100 升，日用总水量 284 吨进行预测。

3）管网布置

给水规划按照太湖县农村饮水安全巩固提升工程供水管网布置实施方案进行建设，主干管管径 DN200，支管网管径为 DN75。

3. 雨水工程规划

1）规划目标

根据社会经济发展需要，逐步建立完善的雨污水排放和处理系统。

2）规划原则

根据本地经济条件和排水工程现状，合理确定排水体制；积极治理生活污水，最大限度地减少污水对村庄环境的污染；近远期结合，既要考虑近期建设的可行性，又要考虑远期总体布局的合理性，尽可能使规划具有较大的弹性。

3）排水体制

规划采用雨污分流排水体制。

4）雨水规划

雨水排放采用新建雨水沟渠排水的方式，结合自然地势排入村庄指定的自然水体。

5）雨水计算

暴雨强度的计算采用当地暴雨强度公式，即：

$$q = 4850 \frac{(1 + 0.846 \lg P)}{(T + 19.1)^{0.896}} \tag{10-1}$$

式中，q 为暴雨强度 $[L/(S \cdot hm^2)]$；P 为设计重现期（年），取值详见《室外排水设计规范》，T 为降雨历时（min），取值详见《室外排水设计规范》。

4. 污水工程规划

污水规划根据自然地势及现状排污需求设计，污水由北部向村庄南部排入现状污水处理中心，处理后尾水达到排放标准后排入下游现状水系。

1）污水量计算

污水量按照给水量的 85％ 计算，管径为 DN300；污水管材为 HDPE 双壁波纹管，污水出户采用 DN150 的 UPVC 管，每户按 15 m 计入工程量。

2）污水设施布置

规划利用乔木寨村中部现状污水处理设施，尾水处理后排入下游河道，出水水质要求达到《城镇污水处理厂污染物排放标准》（GB 18918—2002）一级 A 标准。

5. 电力工程规划原则

供电工程规划应做到新建与改造相结合，远期与近期相结合，供电工程的供电能力能适应远期负荷增长的需要，结构合理，且便于实施和过渡；供电工程设施规划必须符合环保要求，减少对环境的污染和其他公害。

目前现状用电由县电力网接入，规划沿用现状电力设施，形成枝状供电体系，确保供电能力和可靠性，生活用电指标不少于 3 000W/户。供电线路采用 220 V 的电压，沿道路布置，主干道路未来规划杆线入地。

规划供电从寺前镇变电站引入，沿村庄主路敷设 10 kV 电缆线路，以满足村庄未来需求。支路上供电线路采用 220 V 的电压，沿道路布置，在道路上的位置原则为路东或路南。近期建议进行架空线整治；远期条件允许的情况下，建议电力线路入地敷设，避免电力线路混乱。

6. 环卫工程规划

1）垃圾转运体系

垃圾清运设施采用专用人力收集垃圾车、专用机动三轮车收集车等，中心村按照每100 户人不少于 1 名保洁员的标准，至少配 5 名保洁员，也可采用家庭责任区制度进行保洁。生活垃圾主要被运送至垃圾转运站。

2）垃圾收集容器

结合安徽省农村清洁工程，按照 10～15 户集中设置一个垃圾桶，垃圾桶应设置在便于投放的位置，服务半径原则上不超过 70 m。

3）公共厕所

保留中心村内现状公厕，新建 5 处公厕，同时设置粪便排放管道与污水处理设施连接。

7. 防灾工程规划

1）抗震规划

规划所有新建建筑和构筑物严格按照国家《房屋建筑工程抗震设防管理规定》要求设计、建设，抗震设防烈度按照 7 度执行。规划沿村庄主要干道为综合防灾的一级疏散通道，村庄巷道为二级疏散通道，健身活动场地及学校为疏散场地，中心村避难疏散通道设置 1 个。

2）防洪规划

规划排涝标准依据《治涝标准》（SL 723—2016）要求，并结合当地调蓄、排水条件，圩堤防洪标准采用 10～20 年一遇，排涝标准为 10 年一遇、最大 24 h 暴雨地面不积水。加强村内水土保持、在村域内植树造林、涵养水土，严禁乱挖乱建，同时疏浚沟塘水渠，保持泄洪道路畅通，引导自然降水顺畅排走。

3）消防规划

村庄消防方面应符合现行国家标准《建筑设计防火规范》（GB 50016—2014），及农村建筑防火的相关规定。村庄干道、乡道为消防通道；当管架、栈桥等障碍物跨越道路时，净高不应小于 4 m，村内水系为消防水源。

10.3.8 重点区域建设

1. 田园综合体

寺前镇印象·乔木寨田园综合体项目一期占地总面积约 14.67 hm²，整合多方面资金，打造一个可游、可憩、可赏、可居、可食的综合活动境域，具体建设内容如下：治理水系 500 m，修建生态河堤，对乔木寨村生态产业园周边环境进行生态修复、休闲景观营造；人文景观借助县级文物保护单位、冬枣园、兰花基地等项目创收；结合田园景观和水系，将现有建筑群打造成乡土民宿度假群。

2. 中心组安置区

规划方案以促进村庄适度集聚和土地等资源节约利用，促进农村基础设施和公共设施集约配置，促进整合农业生产和生态空间为出发点，在中心村设置安置点，集中安置住户，配套民居以二层楼房为主，居住条件相对较好。

村庄规划是法定规划，是国土空间规划体系中乡村地区的详细规划，是开展国土空间开发保护活动、实施国土空间用途管制，核发乡村建设项目规划许可、进行各项建设活动的法定依据。要遵守以下原则开展：

（1）上下衔接，多规合一

生态优先，绿色发展节约集约，全域管控树立"存量规划"理念，加强国土空间综合整治，优化乡村建设用地布局，盘活农村零星分散的存量建设用地资源，提高节约集约用地水平。在上位规划基础上，划定村庄规划用途管制分区，并制定相应的村庄全域管制措施。

（2）生态优先，绿色发展

优先保护自然生态空间，落实耕地和永久基本农田、生态保护红线保护要求，明确底线管控要求。以绿色发展引领乡村振兴，构建人与自然和谐相处的农业农村发展新格局。

（3）节约集约，全域管控

树立"存量规划"理念，加强国土空间综合整治，优化乡村建设用地布局，盘活农村零星分散的存量建设用地资源，提高节约集约用地水平。在上位规划基础上，划定村庄规划用途管制分区，并制定相应的村庄全域管制措施。

（4）村民主体，共谋共建

尊重村民的主体地位，充分征求村民意见，保障村民的规划知情权、参与权和监督权，把为村民服务、让村民参与、使村民满意、让村庄宜居作为规划的出发点和落脚点。

参考文献

［1］ Odum E P. 九十年代生态学的重要观点［J］. 李俊清，译. 生态学杂志，1975，14（1）：72-75.

［2］ 陈贻安. 生态规律与 21 世纪［J］. 山西大学师范学院学报，1999（3）：3.

［3］ 陈星，马开玉，黄樱. 现代气候学基础［M］. 南京：南京大学出版社，2014.

［4］ Lutgens F K，Tarbuck E J. 气象学与生活［M］. 陈星，黄樱，等译. 北京：电子工业出版社，2016.

［5］ Turner J，Colwell S R，Marshall G J，et al. Antarctic climate change during the last 50years［J］. International Journal of Climatology，2005，25（3）：279-294.

［6］ 刘兰. 全球极端天气走向常态化［J］. 生态经济，2021，37（9）：5-8.

［7］ 吕贻忠，李保国. 土壤学［M］. 北京：中国农业出版社，2006.

［8］ 朱鹤健，陈健飞，陈松林. 土壤地理学［M］. 3 版. 北京：高等教育出版社，2019.

［9］ 仝川. 环境科学概论［M］. 2 版. 北京：科学出版社，2017.

［10］ 骆永明，滕应. 我国土壤污染退化状况及防治对策［J］. 土壤，2006，38（5）：505-508.

［11］ 黄廷林，王俊萍. 水文学［M］. 6 版. 北京：中国建筑工业出版社，2020.

［12］ 宋海宏，宛立，秦鑫. 城市生态与环境保护［M］. 哈尔滨：东北林业大学出版社，2018.

［13］ 李荣胜. 信息技术驱动产业升级研究［D］. 西安：西北大学，2020.

［14］ 万皓. 电子信息技术应用特点及其发展趋势分析［J］. 中阿科技论坛（中英阿文），2019（1）：45-48.

［15］ 张靓. 信息时代的电子信息技术发展趋势探讨［J］. 科技视界，2018（23）：76-77.

［16］ 刘冬. 城乡空间社会综合调查研究［M］. 北京：北京理工大学出版社，2020.

［17］ 李和平，李浩. 城市规划社会调查方法［M］. 北京：中国建筑工业出版社，2004.

［18］ 朱蕾. 基于主成分分析法的扬州市生态环境质量评价［D］. 扬州：扬州大学，2013.

［19］ 纪芙蓉，赵先贵，朱艳. 西安城市生态环境质量评价体系研究［J］. 干旱区资源与环境，2011，25（10）：48-51.

［20］ 李建华. 环境科学与工程技术辞典［M］. 修订版. 北京：中国环境科学出版社，2005.

［21］ 李生伋. 评普拉提（L. Prati）水质指数及其应用［J］. 武汉师范学院学报（自然科学版），1980，2（0）：83-89.

［22］ 方如康. 环境学词典［Z］. 北京：科学出版社，2003.

［23］ Department of the Environment，Transport and the Regions. Towards an urban renaissance［R］. London：DETR，1999.

［24］ 周艳妮，尹海伟. 国外绿色基础设施规划的理论与实践［J］. 城市发展研究，2010，17（8）：87-93.

［25］ Jongman R H G. Nature conservation planning in Europe：Developing ecological networks［J］. Landscape and Urban Planning，1995，32（3）：169-183.

［26］ McHarg I L. Human ecological planning at Pennsylvania［J］. Landscape Planning，1981，8（2）：109-120.

［27］ 贾行飞，戴菲. 我国绿色基础设施研究进展综述［J］. 风景园林，2015（8）：118-124.

［28］ 吕斌，曹娜. 中国城市空间形态的环境绩效评价［J］. 城市发展研究，2011，18（17），38-46.

［29］ 王静文. 城市绿色基础设施空间组织与构建研究［J］. 华中建筑，2014，32（2）：28-31.

［30］ 于亚平，尹海伟，孔繁花，等. 基于MSPA的南京市绿色基础设施网络格局时空变化分析［J］. 生态学杂志，2016，35（6）：1608-1616.

［31］ Hegetschweiler K T，De Vries S，Arnberger A，et al. Linking demand and supply factors in identifying cultural ecosystem services of urban green infrastructures：A review of European studies［J］. Urban Forestry & Urban Greening，2017，21：48-59.

［32］ 张彪，谢高地，肖玉，等. 基于人类需求的生态系统服务分类［J］. 中国人口·资源与环境，2010，20（6）：64-67.

［33］ 欧阳志云，王效科，苗鸿. 中国生态环境敏感性及其区域差异规律研究［J］. 生态学报，2000，20（1）：9-12.

［34］ 麦克哈格. 设计结合自然［M］. 芮经纬，译. 天津：天津大学出版社，2006.

［35］ Mesterton-Gibbons M. A consistent equation for ecological sensitivity in matrix populationanalysis［J］. Trends in Ecology & Evolution，2000，15（3）：115.

［36］ 唐毛玲. 怀化大峡谷景区生态敏感性评价及生态功能区划研究［D］. 长沙：中南林业科技大学，2021.

［37］ 方臣，匡华，贾琦琪，等. 基于生态系统服务重要性和生态敏感性的武汉市生态安全格局评价［J/OL］. 环境工程技术学报：1-16［2022-01-13］. http：//kns. cnki. net/kcms/detail/11. 5972. X. 20211029. 0939. 002. html.

［38］ 肖荣波，欧阳志云，李伟峰，等. 城市热岛的生态环境效应［J］. 生态学报，2005，25（8）：2055-2060.

［39］ Rao P K. Remote sensing of urban heat islands from an environmental satellite［J］. Bulletin of theAmerican Meteorological Society，1972，53：647-648.

［40］ 何萍，李宏波. 云贵高原中小城市热岛效应分析［J］. 气象科技，2002，30（5）：288-291.

［41］ 张一平，何云玲，马友鑫，等. 昆明城市热岛效应立体分布特征［J］. 高原气象，2002，21（6）：604-609.

［42］ Huang L M，Li J L，Zhao D H，et al. A fieldwork study on the diurnal changes of urban microclimate in four types of ground cover and urban heat island of Nanjing，China［J］. Building and Environment，2008，43（1）：7-17.

［43］ Park C Y，Lee D K，Asawa T，et al. Influence of urban form on the cooling effect of a small urbanriver［J］. Landscape and Urban Planning，2019，183：26-35.

［44］ 郭勇，龙步菊，刘伟东，等. 北京城市热岛效应的流动观测和初步研究［J］. 气象科技，2006，34（6）：656-661.

［45］ Wong N H, Yu C. Study of green areas and urban heat island in a tropicalcity［J］. Habitat International，2005，29（3）：547-558.

［46］ Gallo K P, Owen T W. Assessment of urban heat Islands：A multi-sensor perspective for the Dallas-Ft. worth, USAregion［J］. Geocarto International，1998，13（4）：35-41.

［47］ Streutker D R. Satellite-measured growth of the urban heat island of Houston，Texas［J］. Remote Sensing of Environment，2003，85（3）：282-289.

［48］ 谢庄，崔继良，陈大刚，等. 北京城市热岛效应的昼夜变化特征分析［J］. 气候与环境研究，2006，11（1）：69-75.

［49］ 刘春. 城市热岛环境中土体温度场、强度和变形的数值模拟与图像分析［D］. 南京：南京大学，2012.

［50］ Zhang Y S, Odehlnakwu O A, Han C F. Bi-temporal characterization of land surface temperature in relation to impervious surface area，NDVI and NDBI, using a sub-pixel image analysis［J］. International Journal of Applied Earth Observation & Geoinformati on，2009，11（4）：256-264.

［51］ 邓书斌，陈秋锦，杜会建. ENVI 遥感图像处理方法［M］. 北京：高等教育出版社，2014：2-281.

［52］ Sobrino J A, Jiménez-Muñoz J C, Paolini L. Land surface temperature retrieval from LANDSAT TM 5［J］. Remote Sensing of Environment，2004，90（4）：434-440.

［53］ 沈清基. 城市生态环境［M］. 北京：中国建筑工业出版社，2011.

［54］ Frodin D. Guide to standard floras of the world［J］. South African Journal of Botany，2001，67（4）：671-672.

［55］ 沈清基. 城市生态环境：原理、方法与优化［M］. 北京：中国建筑工业出版社，2011.

［56］ 斯图尔特，潘艳，陈洪波. 文化生态学［J］. 南方文物，2007（2）：107-112.

［57］ 奥德姆. 生态学基础［M］. 孙儒泳，钱国桢，林浩然，等译. 北京：人民教育出版社，1981.

［58］ 于贵瑞，王秋凤，杨萌，等. 生态学的科学概念及其演变与当代生态学学科体系之商榷［J］. 应用生态学报，2021，32（1）：1-15.

［59］ 姜仁良. 低碳经济视阈下天津城市生态环境治理路径研究［D］. 北京：中国地质大学（北京），2012.

［60］ 梁流涛. 农村生态环境时空特征及其演变规律研究［D］. 南京：南京农业大学，2009.

［61］ 郝锐. 城乡生态环境一体化：水平评价与实现路径［D］. 西安：西北大学，2019.

［62］ 王德全，咸宝林. 城乡生态与环境规划［M］. 北京：中国建筑工业出版社，2018.

［63］ 王克勤，廖周瑜. 城乡协同生态学［M］. 北京：高等教育出版社，2010.

［64］ 柏春. 城市设计的气候模式语言［J］. 华中建筑，2009，27（5）：130-132.

［65］ 章家恩，徐琪. 城市土壤的形成特征及其保护［J］. 土壤，1997，29（4）：189-193.

［66］ Paris K M. Ecology of urban environments［M］. ［S. l.］：Wiley-Blackwell，2016.

［67］ Basu M. Fundamentals of environmental studies［M］. Cambridge：Cambridge University Press，2015.

［68］ Hassenzahl D M，Hager M C，Gift N Y，et al. Environment ［M］. 10th ed. New York：Wiley，2016.

［69］ 环境保护部，国家质量监督检验检疫总局. 环境空气质量标准：GB 3095—2012 ［S］. 北京：中国环境科学出版社，2016.

［70］ 国家环境保护总局，国家质量监督检验检疫总局. 地表水环境质量标准：GB 3838—2002 ［S］. 北京：中国环境科学出版社，2002.

［71］ 生态环境部，国家市场监督管理总局. 土壤环境质量 建设用地土壤污染风险管控标准：GB 36600—2018 ［S］. 北京：中国标准出版社，2018.

［72］ 中国环境监测总站. 中国生态环境质量评价研究 ［M］. 北京：中国环境科学出版社，2004.

［73］ 潘懋，李铁峰. 环境地质学 ［M］. 北京：地震出版社，1997.

［74］ 姚志麒. 大气质量指数应用进展 ［J］. 国外医学（卫生学分册），1986（1）：12-17.

［75］ 周其华. 环境保护知识大全 ［M］. 长春：吉林科学技术出版社，2000.

［76］ 程帆. 基于多功能评估的城市绿色基础设施网络构建：以安庆市为例 ［D］. 合肥：安徽建筑大学，2019.

［77］ 钱兆. 合肥市主城区蓝绿空间冷岛效应及空间优化研究 ［D］. 合肥：安徽建筑大学，2021.

［78］ 生态环境部. 环境影响评价技术导则 大气环境：HJ 2.2—2018 ［S］. 北京：中国环境科学出版社，2018.

附 录

附录一

城乡生态环境调查

时间：　　　　　发放对象：　　　　　调查员：

亲爱的先生/女士：

　　您好！我们是城乡规划专业的研究人员，正在对城乡生态环境进行调查，目的是作为预调查，通过了解生态环境的问题，更好地保护环境。感谢您抽空阅读这份调查问卷，我们对您给予这一调研工作的支持和配合表示真挚的感谢。

　　1. 您的年龄在以下哪个范围？

　　A. 18 岁以下　　　　B. 18～40 岁　　　　C. 41～60 岁　　　　D. 60 岁以上

　　2. 您居住的地区是城市还是乡村？

　　A. 城市　　　　B. 乡村

　　3. 您认为目前您所在地区环境质量总体状况如何？

　　A. 良好　　　　B. 一般　　　　C. 较差

　　4. 您认为目前您所在地区的环境问题中最突出的是？

　　A. 生活垃圾　　　　　　　　B. 农村环境污染

　　C. 工业生产的废气、废水、废渣　　　D. 固体废弃物污染

　　E. 城市绿地率不足　　　　　　F. 其他

　　5. 您认为造成环境污染的主要因素是什么？

　　A. 个人、企业环保观念不强

　　B. 环保部门管理不到位

　　C. 其他

　　6. 您所在城市出现过雾霾或者沙尘暴天气吗？

　　A. 经常　　　　B. 偶尔　　　　C. 很少　　　　D. 从未有过

　　7. 您所在城市的水污染情况如何？

　　A. 严重　　　　B. 一般　　　　C. 基本无污染

8. 您认为城市水污染的来源是什么？

A. 工厂排水　　　　B. 生活用水　　　　C. 农业化肥、杀虫剂等化学产品的大量使用

D. 森林砍伐，水土流失　　　　E. 其他

9. 您认为保护水资源哪方面的责任最大？

A. 政府部门　　　　B. 教育机构　　　　C. 当地居民

10. 您所在的地区垃圾乱丢弃情况怎么样？

A. 很好，垃圾乱丢弃的现象几乎没有

B. 存在垃圾乱丢情况，但总体还算整洁

C. 不好，小区街道等公共场所垃圾很多

11. 您居住地周边的垃圾都是如何处理的？

A. 堆放或填埋　　　　B. 焚烧　　　　C. 运往垃圾处理站

12. 您对生态环境的态度？

A. 非常重视　　　　B. 比较重视　　　　C. 有点重视　　　　D. 不关心

13. 您对城市未来的生态环境发展有什么建议或看法？

附录二

大众对南湖国家湿地公园认知调查（网络问卷）

时间：　　　　　发放对象：　　　　　调查员：

亲爱的先生/女士，您好：

　　我们是城乡规划专业的研究人员，正在进行大众对矿山公园认知的调查，目的是作为预调查，通过了解矿山的修复问题，塑造矿山公园的城市名片形象，推动矿业城市的经济转型。请您在认为合适的选项上打钩。

1. 您的年龄在以下哪个范围？

A. 25 岁以下　　　　B. 25~55 岁　　　　C. 55 岁以上

2. 您对采煤区塌陷形成的湿地公园有一定的了解吗？

A. 有　　　　B. 无

3. 您会因为什么原因去采煤塌陷区形成的湿地公园？

A. 放松游憩　　　　B. 探索历史遗迹　　　　C. 教育孩子或充实自我

4. 在游玩地点选择上，比起采煤塌陷区形成的湿地公园您更愿意去其他公园吗？

A. 是　　　　B. 否

5. 您认为南湖国家矿山公园的建设，能够推动经济发展吗？

A. 能　　　　B. 不能

6. 吸引您游览南湖国家矿山公园的原因包括哪些？（多选题）

A. 风景优美，自然野趣　　　　　　　　B. 宁静，远离人群和城市喧嚣

C. 参与特定娱乐活动　　　　　　　D. 参与其他活动

E. 交通便利　　　　　　　　　　　F. 免费游览

G. 其他

7. 阻碍您游览南湖国家矿山公园的原因包括哪些？（多选题）

A. 太忙没有时间出游　　　　　　　B. 交通不便利

C. 人流少，不太热闹　　　　　　　D. 安全问题（塌陷、雷电、犯罪行为等）

E. 游览娱乐项目少　　　　　　　　F. 环境问题（如水质、垃圾等问题）

G. 服务较少（如饮食、商店、路标、引导等）

附录三

南湖国家湿地公园建设成效调查问卷——市民、游客问卷

时间：　　　　　发放对象：　　　　　　调查员：

亲爱的先生/女士，您好：

　　我们是城乡规划专业的研究人员，正在进行大众对矿山公园认知的调查，目的是作为预调查，通过了解矿山的修复问题，塑造矿山公园的城市名片形象，推动矿业城市的经济转型。请您在认为合适的选项上打钩。

基本信息：

1. 请问以下哪项符合您的身份？

A. 附近居民　　　　B. 居住淮北，非附近居民　　　　C. 外地游客

2. 您的年龄是在以下哪个范围？

A. 12 岁以下　　　B. 12～28 岁　　　C. 29～49 岁　　　D. 50～69 岁

E. 70 岁以上

3. 您的性别是男性还是女性？

A. 男　　　　　　B. 女

4. 您在淮北市生活了多久？

A. 2 年以下　　　B. 2 年以上 10 年以下　　　C. 10 年以上

使用感受：

1. 以下最吸引您来此公园的因素是什么？

A. 距离　　　　　B. 环境　　　　　C. 历史遗迹

D. 活动　　　　　E. 周边商业　　　F. 其他

2. 您通过什么途径了解到南湖公园的？（多选题）

A. 亲友介绍　　　　　　　　　　　B. 单位、学校组织游览

C. 报纸、刊物等传统传媒　　　　　D. 网络、电视等传媒

E. 大型活动的影响力　　　　　　　F. 出行偶遇　　　　G. 其他

3. 您认为公园内的植物数量是否充足？

A. 太少 B. 基本上充足 C. 非常充足

4. 您前往南湖游玩的主要交通方式是？

A. 行走 B. 自行车（包括滑轮、滑板等非机动代步工具）

C. 公交车 D. 私家车 E. 出租车 F. 其他

5. 您游览南湖时的活动区域一般包括哪些？

A. 入口处

B. 较纵深处（距入口约 1～2 千米）

C. 游览全公园（绕湖约 4～5 千米）

6. 您到公园一般进行哪些活动？（多选题）

A. 娱乐锻炼 B. 休憩闲聊 C. 散步遛狗 D. 欣赏美景

E. 读书看报 F. 看管儿童 G. 学习参观 H. 其他行为

7. 在公园里，您最喜欢停留驻足在哪些空间？（多选题）

A. 活动广场区 B. 座椅休闲区 C. 绿色步道区 D. 林下隐蔽区

E. 商业消费区 F. 水边 G. 其他

8. 您在游览完南湖之后是否愿意前往周边的景点？

A. 不太愿意，只是来南湖公园散步的

B. 愿意，但是没有明确的指示牌和交通工具前往

C. 非常愿意，希望体验整个南湖地区的所有景点

9. 您在游览完南湖后的下一步计划是什么？

A. 周边商场购物 B. 聚会聚餐 C. 休闲娱乐 D. 回家/回酒店

10. 南湖公园生态修复后的环境，您是否满意？

A. 非常满意 B. 满意 C. 还行 D. 不满意

E. 非常不满意

11. 您到达南湖公园的方式是否让您感到方便？

A. 非常方便 B. 方便 C. 还行 D. 不方便

E. 非常不方便

12. 南湖公园周边的餐饮、购物等商业设施是否吸引您到此游玩？

A. 非常吸引 B. 吸引 C. 还行 D. 不吸引

E. 非常不吸引

13. 到达南湖公园的方便程度是否会影响您对生态环境的向往？

A. 非常影响 B. 影响 C. 还行 D. 不影响

E. 完全没影响

14. 南湖公园相对市区其优越的生态环境是否吸引您到此消费？

A. 非常吸引   B. 吸引   C. 还行   D. 不吸引

E. 非常不吸引

15. 到达南湖公园的交通便利性是否影响您到此处消费？

A. 非常影响   B. 影响   C. 还行   D. 不影响

E. 完全没影响

16. 您参观过淮北矿山博物馆吗？

A. 从没听说过   B. 听说过，但没有去参观过

C. 参观过（1 次）   D. 多次参观过（2 次及以上）

17. 您认为公园内的动植物数量是否充足？

A. 不太充足，杂草较多，很少见到动物

B. 比较充足，植物种类齐全，鱼类、鸟类、昆虫数量等较多

18. 您认为公园的空气质量和噪声污染改善效果如何？

A. 与城市其他地方一样，无较大差别

B. 与城市其他地方相比，空气更加清新，噪声较小

19. 您参观过淮北矿山博物馆吗？

A. 从没听说过   B. 听说过，但没有去参观过

C. 参观过（1 次）   D. 多次参观过（2 次及以上）

20. 您对矿山博物馆各项元素是否满意？（选择对应的五角星数量，数量越多满意度越高）

A. 选址与交通 ☆☆☆☆☆

B. 建筑与布局 ☆☆☆☆☆

C. 展品 ☆☆☆☆☆

D. 服务（包括讲解和引导等） ☆☆☆☆☆

E. 娱乐 ☆☆☆☆☆

F. 教育意义 ☆☆☆☆☆

G. 总体打分 ☆☆☆☆☆

附录四

访谈提纲

1. 南湖公园游客

Q1：您家是否住在附近？您来南湖公园是旅游还是锻炼身体？

Q2：您是通过什么渠道了解到南湖公园的？您希望通过游览了解采煤沉陷区修复的相关知识吗？

Q3：您认为淮北这些采煤沉陷区、矿山的修复，是否能够带动淮北的经济和社会发展？

Q4：如果您是从外地来旅游的，您会选择参观景点与休闲娱乐并存，还是节省时间游历景点？

2. 南湖公园周边商家

Q1：您觉得南湖公园的开放是否对您的生意产生一定影响，是否带来一些经济效益？

Q2：您认为南湖公园周边商业与大型商场相比，有哪些方面不够吸引游客？

3. 南湖公园周边居民

Q1：您一般多久去一次南湖公园？您觉得南湖公园的开放对您的生活产生哪些影响？

Q2：您是否想骑自行车进入南湖公园？您平时还会去周边的哪些公园和绿道散步？

4. 景区管理人员

Q1：您觉得南湖公园改造之后，相比于之前有哪些变化？人流量是否明显增加？

Q2：南湖公园的停车场是否供应充足？游客都通过哪些方式来公园游玩？